# クロマツの海岸林のものがたり

小山晴子

SEIKO KOYAMA

絵／小山晴子「大畑浜」

# クロマツの
# 海岸林の
# ものがたり

## もくじ

## 第三章　マツクイ虫、マツノザイセンチュウの感染症……46

## 第七章

# 第八章

# クロマツの海岸林のものがたり

# はじめに

私は昭和八年（一九三三）、仙台市で生まれた。家は羅紗屋。ウールの布地を売り、紳士服を仕立てる店で、仙台の繁華街にあった。私は長女、下に男の子が四人、若い両親は店の仕事と子供の世話に忙しく、比較的丈夫だった私は、いわば、放っておかれた毎日であった。体を動かすことが大好きで、小学校が近くにあったため、放課後は、おやつを食べると、また校庭で夕ぐれまで鉄棒とか渡り鉄棒で過ごした記憶がある。宿題はいつやったのか？　とにかく「勉強しろ」と言われたことがなかった。

六年生の初夏、仙台空襲、家は焼かれ、火から逃れ、台原の防空壕まで必死に走った事を今でもよくおぼえている。

戦後、高等女学校に入り、学制改革で併設中学校と高等学校で六年間過ごした。中学生の頃は、バレーボールに明け暮れた。高校生になってやっと自分の事が少し考えられるようになる。そして私は自分が好奇心の塊で、何か不思議な面白いことにぶつかると、それから離れられなくなるという性格なのだ、ということであった。

戦後女子も大学に進学することが出来るようになり、相談する人もまわりになく手探りで進路を選んだ結果、一九五五年、東北大学理学部生物学科を卒業。専攻は植物生理、卒業論文は植物ホルモンだった。

この生物学科の創始者、畑井新喜司先生は、アメリカで研究生活を送られ、「自分の足で歩き、目で見、手で触ることが研究の第一歩」という考えを持たれた方で、戦後のその頃も、この考えは受けつがれていた。

学生は三年次の夏、青森県浅虫の臨海実験所に二週間泊まり込みの実習。四年次に、植物専攻の学生は同じく青森県八甲田の山中酸ケ湯にある植物生態学実験所で一週間の実習があった。自分の食べる米と顕微鏡を持ち、夜汽車で揺られての青森通いであった。仙台の街中育ちで、自然の動植物やその暮らしとは全く縁のなかった私にとって生まれて初めての経験で、毎日が面白くたのしかった。

特に八甲田での一週間は、朝からおにぎりを背負っての山歩き。ある日はブナの森の中を歩き、山奥の沼まで往き帰り。ブナの森のしっとりとした湿り気と木々の匂い。学生と教官を含めて十五人ほどの中で女は一人だった。若い私にとって自然の面白さを十分に味わった一週間だった。

だれが植えて育てたものでもないあのブナの森、あれはどうしてあんな大きな深い森になったのだろう？　などなど不思議なことがいっぱいあったが、どれも解決されない疑問ばかり。私の自然とのつき合いはこうして始まった。

卒業後、私は一八五八年に結婚し、一九六一年秋田に移り住む。夫、小山重郎は大学の同級生、昆虫生態学を学び、大学院修了後、野外での昆虫の生態を調べたいと、秋田県農業試験場に就職した。

私は、将来、子供向けの科学読み物を書いてみたいと思っていたので、子供は何を考えているかを知りたいと、秋田で中学校の理科教師となった。教師の仕事、理科の授業は特に問題がなく、科学クラブの指導が楽しかった。しかし、それ以外のホームルームなどで中学生とつき合うことはかなり難しかった。何しろ私は二十歳台ほとんど植物相手に過ごして来たのだから。

「あのブナの森を歩きたい！」。気持ちの通わない中学生との暮らしの毎日の中で、私は何度もそう思った。初めて勤めた中学校は秋田の港、土崎にあり、日本海の海岸までは広い松林。春の終わりにはマツの花粉が駐車した車のボンネットに溜まるような場所にあった。ある秋の土曜日、放課後、私は思い立って松林に出掛けた。広い松林にクロマツは整然と並んでいた。私の外にはだれも居ない。静かでしっとりとした松林だった。三十分近く歩くと林が終わり、その向こうに日本海がみどり色に泡立っていた。何んと、この松林は自然林ではない！人が作った林だったのだ。私とクロマツの海岸林とのつき合いはこうして始まった。

あれからもう六十年、私は今九十歳の誕生日を迎えたばかり。いろいろなことがあり、クロマツ林から離れたところで暮らすこともあったが、興味はずっと続いている。なぜ六十年間も続いたのだろう。クロマツの海岸林にはそれだけ面白い「ものがたり」があったからではなかろうか。

静かな松林

冬の日本海

# 第一章　秋田の海岸砂防林

## ◆砂が飛ぶ

クロマツの海岸林のはずれに作られた土崎の中学校のまわりは砂地だった。秋の終わり頃毎日のように雨が降り、その後、強い西風が吹いた。そんな日には西風に砂が飛ばされ、頭の髪の毛の間にまで砂が入り込んだ。

春が来て、新学期が始まったある日の朝の会で、教頭さんが「朝のホームルームで生徒に「ノビ」をしないよう強く言い聞かせてください」と言う。

「ノビ」とは何だろう？

隣の席の社会科の先生は近くの集落のお寺の住職さん。法事があるときは年次休暇を取る人だった。

「この辺りは今では「将軍野《しょうぐんの》」と言う立派な地名で呼ばれているが、少し前までは、どこを向いても松がしょぼしょぼと生えている砂の山で「トラ毛山」と呼ばれていた。おれが子供の頃は、学校が終わると日が暮れるまで遊びほうけたものよ。毎日遊んでいるくせに時々迷ったりしてなあ。春になれば冬を越して残っていた枯草さ火をつけたりしてなあ。それが「野火《のび》」。悪いことしたものだ。今ではあちこちに家も建ち、火事になれば大変だものなあ。」と説明してくれた。

でも、日本海の海岸に広くひろがる砂地、砂丘、この砂はいったいどこから来たのだろう。

東北地方の地図を広げてみよう。その中央には背骨のように奥羽山脈が伸び、その西側は日本海岸まで台地や平野が広がっていて、比較的大きい川、北から米代川、雄物川、最上川、阿賀野川、信濃川が大量の土砂を海まで運んでいる。河口に堆積した土砂は、沿岸流で陸地に押し戻され、風によって運ばれ、海岸線近くの陸地に堆積する。そうやってできた砂地が砂丘である。

秋、十月の初めごろから晴れた日は終わりを告げ、日本海の西にひろがる大陸

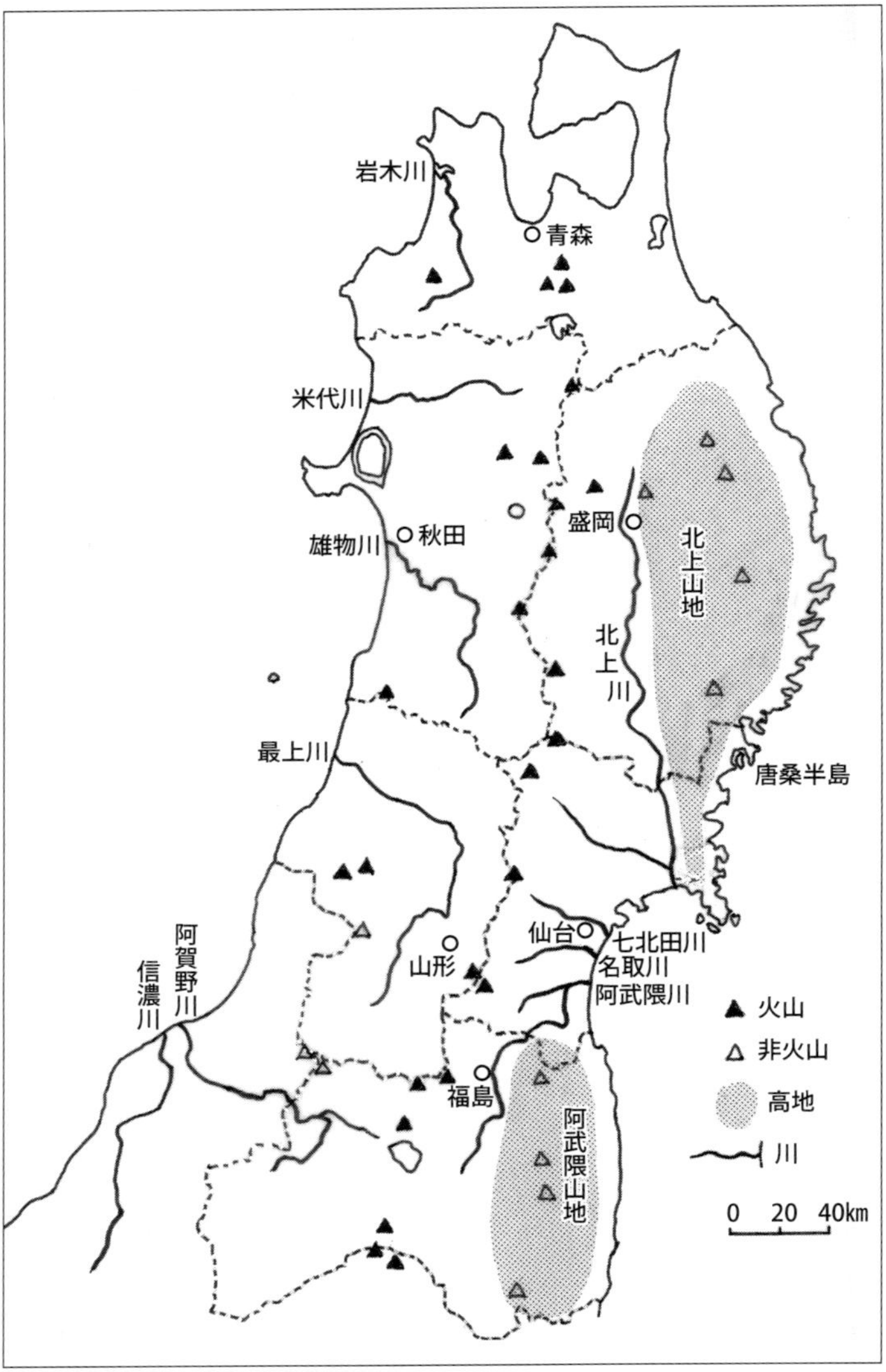
岩木川
青森
米代川
盛岡
秋田
雄物川
北上山地
北上川
最上川
唐桑半島
仙台
七北田川
阿賀野川
信濃川
山形
名取川
阿武隈川
火山
非火山
高地
福島
川
阿武隈山地
0 20 40km

東北地方の地形図

は冷やされ、その上空にシベリア高気圧が居座り、連日強い西風が吹き、雨が降り、そして雪に替わる。日本海の沿岸では秋の十月から、春、四月の末まで半年近くこのような天気が続く。

雪が降り、積もる前、そして春雪が溶けて地面が乾き始めると、強い西風に砂が飛ばされた。

そのころ、中学生を引率しての宿泊訓練で泊まった「少年の家」のロビーに、茶色に変色した一枚の写真が掲げてあった。一面に荒れ果てた砂の山を写したものだった。私がその写真に見入っていると、「それはねえ、マツを植える前の、この辺りを写したものなんですよ。もう何年くらい前のものかね。いずれ戦争前後のことです。私も覚えているけれど、一面のぼうぼうの砂の山でね。砂が飛んで手がつけられなかったものですよ。」年配の職員はそう説明してくれた。

今、「少年の家」は砂丘の松林の中、マツの香りに包まれた、しっとりと静かに落ち着いたこの辺りが、わずか三、四十年前には裸の砂山で砂が飛んだなどとはとても思われなかった。

「砂に埋もれた家がある」というので、山形県庄内の十里塚の浜まで見に行ったのもその頃だった。小高い丘が海のそばまで張り出しており、その丘が切れて狭い砂浜になるあたりに、古い船小屋があった。その小屋は表から見れば普通の小屋だったのだが、裏にまわると、茅ぶき屋根の中ほどまで砂に埋もれてしまっていた。

砂に埋もれた家

「砂が飛ぶ」とはそういうことだったのか。人のくらしが脅かされるほどの事だったのか。あの立派な海岸林はその飛砂を止めるために作られた砂防林だったのだ。私はやっと少しわかりかけてきた。

## ◆クロマツの海岸砂防林

荒れくるう飛砂を抑えるために、やがて日本海沿岸の砂丘、砂浜にクロマツの海岸林が作られる。

少し話を昔にもどしたい。日本では江戸時代の前期には農業が大産業で、その重要性はことのほか大きかった。幕府や諸藩の財政収入もほとんど農民が負担する貢租で、このため幕府、諸藩は新田を開発して耕地の拡大に力をそそいだ。十七世紀始め、約百五十万町歩（ヘクタール）であった耕地面積が、十八世紀はじめには二倍近くへと広がった。

十七、十八世紀と言われても、ちょっとピンとこないが、十七世紀、一六〇〇年に天下分け目の関ヶ原の戦いがあり、東軍が勝ち、それから徳川の世となり、諸藩による内戦は無くなった時代で、十八世紀には社会・経済がめざましく発展し、大商人、両替商などの社会的実力者が著しく増え、実力を身につけた時代でもあった。全国的に交通流通、市場の体系が形成され、多くの町人、百姓、水のみの人々が全国を盛んに行き交い、「読み書き算盤の能力」が急速に広がった時代でもある。

新田開発が広く行われるようになると、次第に海岸の砂丘やその後ろの後背湿地にもそれが及ぶようになる。

しかし、そのころ、砂丘では風が吹くと砂が移動し、農地を埋め、井戸、堰、道路をうめ、さらに川床が上昇したり、河口を閉塞し川水を氾濫させ、せっかく開いた田畑に水が流入したりしていた。

砂丘には、それまで、いくらかの樹木が自然に生えていたのだが、浜で塩が炊かれる（海水を煮詰めて塩を作る）ようになり、それらの樹木は「塩木」として燃やされ、その結果、はげて砂丘となりさらに砂が飛んだ。

どうしたら良いのか。考えられるのは砂丘に樹を植えることである。では何の樹を植えれば良いのか？　はじめはスギ、ヒノキ、竹類など実に三十種類を超える植物が植えられたというが、結局高木性の樹木はクロマツしか残らなかった。きびしい塩害に耐えられたのはクロマツだけしかなかったのだ。

## ◆栗田《くりた》定《さだ》之《の》丞《じょう》

栗田定之丞（一七六七～一八二七）は十八世紀の末ごろ、秋田藩の砂留役として海岸の飛砂を止めることを命じられ、そのことに半生をかけた人である。
その頃、秋田藩の城主は佐竹氏、実は関ヶ原の戦いで負けた西軍につき、その後、徳川家康によって常陸の五十七万石から秋田二十万石に減封されていた。冬も日が射し暖かな北関東から、春まで約半年の間、陽の見えない秋田に、しかも石高を半分以下に減らされて移された佐竹氏であった。

十八世紀に入ると東北地方の日本海沿岸の各藩では耕地を増すため、海岸の飛砂防止の海岸林を造ることが進められていた。その多くは海岸に住む有力者の手によるものであった。それらの人々は藩の要請を受け、資産をつぎ込み海岸林を造成したという。沿岸各地にそれらの先覚者の物語が今でも受け継がれている。

しかし、定之丞が三十一歳（一七九八）の時に命じられた砂留役としての条件は、その砂防事業に藩は助力せず自主事業、つまり藩の命令だが金は出さないというものであった。藩から金が出ないため、定之丞は自費を投じて砂浜の一角に掘立小屋を建て、そこに住み込んで、潮よけとしてグミやヤナギを植え、その後にクロマツの苗木を植え付けた。しかし一冬過ごした翌春、クロマツやグミの苗木は全てが深い砂の下に埋もれ、また元の荒れた砂浜が広がっていたという。村人は定之丞を見て「あの人は無駄なことばかりなさるからタダノジョウ様だ。」と言い合ったという。

金の出ない藩の事業に、実際にかりだされるのは村の百姓たちである。マツを植えるという仕事をしても、その分の手間賃が支払われるというものではない。いわば「ただ働き」であった。砂防林ができれば将来飛砂が止まるといわれても、その日暮しの村人たちにとっては辛い仕事だったのではなかろうか。

しかし、定之丞は諦めなかった。春になるとその砂に埋もれたクロマツとグミの苗を毎日見て回った。砂浜の枯れた木の枝に、通りすがりの旅人が捨てていった古いワラジが何足かかけてあった。

あるワラジに飛んできた砂が集まって堆積し、小さい砂丘をつくり、そのかげに一群の青草が芽吹いていた。ワラジが砂を止め、水分を含んで青草が芽吹く根がかりになっていたのだろう。このことに彼は一条の光を見出した。彼は砂丘に切り出した木の枝を連ねて差し込み、そこに古いワラジを集めて結びつけ、一メートルほどの高さの垣根を作り、その風下にグミを植えてみた。翌春、期待に胸をふくらませて砂丘に出かけた定之丞は、古いわらじの高さまで砂が集まってできた人工の砂丘のかげにグミが見事に育っているのを見つけたのである。

　この工法は期待以上に成功をおさめ、定之丞は次々に集落をまわって説得を重ね、植林を指導した。そして秋田県の北部能代の海岸から南の新屋《あらや》の海岸まで二百キロにも及ぶ海岸線を、クロマツで埋めつくす仕事に取り組み一生を終えたという。

　秋田では小学校の副読本にこの定之丞の仕事が取り上げられており、中学校の生徒は「あゝワラジが！」とよく知っていた。いったい何故こんなに定之丞はがんばったのか？　私は考えてみた。今まで出来なかった砂丘に木を植え、苦労の末それが出来た。定之丞にとってそれは面白く、そして生きがいになったのではないか。秋田の雄物川の川べりには「栗田神社」が建てられてある。小さい静かな神社だった。

## ◆松林百年

秋田県の県北、能代の海岸では、加藤景林が秋田藩能代木山方として砂防林の造成に着手、さらに景琴が父の後を継ぎ、十九世紀の中頃には三十万本のクロマツが植栽され、飛砂の害を防いだという。

その他、能代、山本の袴田与五郎、越後屋渡辺太郎右衛門、越前屋村井久衛門、本荘の石川善兵衛親子などの地域の豪農、豪商が私費を投じて造林が進められ、藩政時代の砂防林造成面積は約九千五百ヘクタールにも及んだという。しかしまだ飛砂の激害地が二千ヘクタールも存在していた。

能代の加藤景林が「松林百年」という言葉を残している。それは「親が苦労して海岸の砂地に松を植え、それを見ていた子は、松林の手入れに勤めるが、孫の代になるとすっかり忘れてしまい、松林の中で畑を作ったり、牛や馬を飼ったりする者まで現れる。」という意味とのこと。

明治元年（一八六八）、徳川政権の江戸幕府が終わりを告げ、明治政府が日本国の指導権を握り、江戸を東京と改め、都を東京に移すと、東北秋田の海岸林でも、この「松林百年」が現実のものとなった。

明治政府は、その財政の基本を土地所有者からの税に依存した（地租改正）。そこで旧藩の持っていた土地を私有地として分配し、その土地所有者から地租を取ることを政策として行った。

海岸の砂丘や砂浜は、もともと藩の所有地で、その陸側での耕地は藩からの借地となっていた。明治政府は、その海岸林の耕地の耕作者に、私有地とすることを勧めた。耕作者は自分の土地が増えるとばかりにその勧めに従った。

私有地となった海岸林はどうなったか。耕作者は大きく育ったクロマツを切り、耕作地をさらに広げたに違いない。切られたマツは燃料となり、さらには売られたにちがいない。

明治維新以降、藩がなくなり、混乱した社会情勢の中で、景林の予測したように、海岸林は放置され、切られ、また砂の飛ぶ海岸となった。

大正から昭和にかけて、荒廃した海岸を何とかしなければと調査が行われ、緊急を要する地区から少しずつ植林が行われてきたが、昭和六年（一九三一）、いわゆる「満州事変」が起こり、昭和二十年（一九四五）、第二次大戦が終るまでの十数年間、戦争による資材や労働力の不足などの影響で事業は停滞した。

西南暖地では、場所によっては敵軍上陸に備えて軍事基地としての海岸ではマツが視界を遮るため、全て伐採されたり、染料や薬としてのハマナスの根が乱掘されたり、松根油生産のためにマツの根が採掘されたりしたところもあったという。

## ◆戦後の海岸砂防林の再生

戦後の本格的な海岸砂防林の再生は、昭和二十八年（一九五三）の海岸砂地地帯農業振興臨時措置法と同三十五年（一九六〇）治山治水緊急措置法が定められてから始まる。

そして昭和五十年（一九七五）には、秋田県内の海岸砂丘でクロマツの植栽がほぼ完了し、北は八峰町から、南の由利本庄に連なる海岸林（その面積は八千ヘクタールに達する）が完成した。

海岸砂防林はどのようにして作られたのか。秋田県で発行された「秋田の海岸砂防林」によれば、次のとおりである。

（1）砂丘の造成

まず、海に面してヨシズなどで堆砂垣を作り、その上に砂を盛り、人口砂丘を、砂浜によっては、二列、三列と作り、その上に砂の移動を止めるためのハマニンニクなどの砂草を植えて砂丘を固定する。

（2）植栽工

砂丘の内側に支柱を立て、スノコなどで作った静砂垣を取り付け、その内側にカシワ、イタチハギ、ニセアカシア、アキグミなどを混植し、クロマツの苗を植える。

### （3）保育

植栽木の健全な育成を促進するために下刈り、追肥、本数調整伐を行う。

実はこの植林技術（堆砂垣法）は江戸時代にすでに行われていた方法なのである。明治維新の「御一新」のかけ声の中でおざなりにされていたが、戦後再検討され、再び採用されるようになったという。

ただ、ニセアカシアについて言えば、マメ科のニセアカシアは根に根粒菌が共生していて、空中の窒素を固定する働きがある。ニセアカシアを植えておけば、マツ林の肥料分にもなると考えられていたのだが、窒素過剰となって、はびこるにつれてマツが枯れるという結果がもたらされ、現在ではマツ林の中にはびこるニセアカシアをどうやって駆除するかが問題となっている。

## ◆鉄道砂防林

秋田県の海岸は、秋田市の新屋の砂丘地帯を過ぎて南下すると、海底に堆積した砂泥からなる地層が海岸のそばまで厚く重なり、その前面に狭い砂浜が連なるようになる。

この狭い砂浜を大正八年（一九一九）から旧国鉄、ＪＲ東日本の羽越本線の建設がはじまった。しかし、この区間に飛砂が堆積して、列車の脱線や運転が不適になることが度々発生したという。建設当初は延長五百十一メートルの防砂板塀を設けたが、暴風が渦巻き、塀の基部がほられ、その隙間から吹き込む飛砂が線路上に吹き溜まりを作るなどを防ぐことができなかった。

やはりクロマツの砂防林を作るしかない。江戸時代からの伝承技術による砂防林の造成が、大正十年（一九二一）からはじめて開始された。この方法が成功し、この区間での線路への飛砂の被害はほとんどなくなり、さらにこの方法は、他の飛砂の激しい区間でも採用されたという。

私は昭和三十六年から五十三年までと、夫が退職した平成五年から三年間、秋田に住んだが、この区間の羽越線によく乗ったり、並行して走る国道を車で南下したりした記憶がある。秋田市から鳥海山の麓を巡り、山形県の庄内に通じるこの海岸線は対馬海流が岸近くを通るため、比較的温暖で雪も少なかった。植えてから五十年近いクロマツは立派に育ち、その間から日本海が所々眺められた。退職後も一度秋田に住んだ時には、時々車で国道七号を南下した。クロマツの林の片隅のパーキングエリアに車をとめ、マツの匂いと渡る風の音を聞きながらの一休みは本当に気分を和ませてくれるものであった。

## ◆密植造林法

江戸時代から現代まで、飛砂の激しい日本海の海岸の砂浜や砂丘にクロマツを植えるために使われてきた「堆砂垣法」すなわち海に面した砂浜に堆砂垣を作って人工砂丘を作り、その上に砂草を植えて、砂を止め、その内側にさらに静砂垣を作り、その中にイタチハギなどと一緒にクロマツを植えるという方法は、まず、クロマツという植物の生育に必要な条件をしっかり作ってから植えるというクロマツにとって優しい植栽法だった。苗を植えてからクロマツは自然に大きく育ち、その後は、まわりの雑草を取るなどの他は手がかからず海岸林が作られていった。

しかし現代、高度経済成長の下では、人の手間と時間がかかりすぎる植栽法でもあった。

そこで考え出されたのが「密植造林法」。この方法は、ヘクタールあたり一万本（一平方メートルに一本）という密植によって森林を早い段階で密閉させることによって、飛砂や潮風害を集団で受け止めて、個々の木にかかる負担を軽減し、その一方で強い日射を遮って土壌が乾燥しすぎるなどを防ぐなど、厳しい生育環境を克服することのできるという方法であった。

一九六〇年の終わり頃から、秋田市の海岸林の北側に連なる「夕日の松原」はこの方法で植栽され、日本でも最大級（三百ヘクタール）の一・二キロメートルの林帯幅を持つ海岸林が作られた。

しかし、この方法は植物としてのクロマツにとって厳しいものであった。クロマツが生育するに伴って過密状態となり下枝が枯れ上がり、いろいろな被害に対する抵抗性が低くなり、不健全な林となる恐れがあった。どうしたら良いのか？それはクロマツの成長に応じて、クロマツの密度を低くすること以外に方法はない。

密度を低くするにはクロマツの成長に応じて間伐（本数調整伐）、すなわちクロマツを切って本数を少なくする以外に方法はない。

「秋田の海岸砂防林」誌にその調整伐についていろいろ紹介されているので、説明してみたい。

まず汀線から百五十メートルまでの林では、強風や飛砂により部分的に枯れたり、成長が極度に抑えられる。この部分は成長と引き換えに内陸部分を守る、いわば犠牲林として調整伐はおこなわない。

その内部は、三百メートルまでを「低成長地」、それ以上を「普通生育地」として、クロマツの生育管理方針を決めるという。その一例としてあげれば、次のようになる。

| 樹高（年） | 本数（ヘクタールあたり） |
|---|---|
| 五m（十五年） | 二千三百本 |
| 十m（四十年） | 九百本 |
| 十五m（六十年） | 五百本 |

植えつけた時にはヘクタールあたり一万本（のちには八千本）の密植をしたものが、四十年後には九百本、何と十分一以下に減らさなければ、健全なクロマツ林には育たない。

この調整伐は一九八〇年から実施されることになったとあるが、その頃から日本は高度経済成長の時代となり調整伐にかかる費用が減らされたり、また、地方の人口減少により人手が減るなどの社会情勢が変わり、その実施が遅れがちになったという。

密植造林法で作られた「夕日の松原」には、昭和四十四年（一九六九）東北電力の秋田火力発電所が、さらに平成十一年（一九九九）秋田県立大学が建設された。しかし、その頃から密植されたクロマツが枯れはじめた。マツ枯れの最大の原因は、その頃、北国秋田まで広がってきた、通称「マツクイ虫」「マツノザイセンチュウによる感染症」によるマツ枯れであるが、この広い面積に渡って密植された、健康とは言えないクロマツの海岸林内でのことである。この「マツクイ虫」の問題については、後の項目で論じたいと思う。

# 第二章　クロマツとは

## ◆クロマツの植物学

砂の飛ぶ日本海の海岸の砂浜に植えられてきたクロマツとは、いったいどんな植物なのだろう。

植物図鑑で調べて見ると、次のようであった。

裸子植物　マツ科、マツ属、

二葉松類　クロマツ

学名　Pinus thunbergii Parl.

裸子植物とは、雌花の胚珠が子房に包まれていない植物で、種子植物の中では、子房に包まれている被子植物に対して、より原始的な植物と考えられている。二葉松類とは針状の葉が二本、アカマツとクロマツが含まれる。

マツ科の植物は、恐竜がいた中生代のジュラ紀（二・〇〇〜一・四六億年前）に現れ、マツ属はさらに白亜紀（一・四六〜〇・六六億年前）の中頃、今の北米大陸で生まれた。二葉松類は、白亜紀の末、小惑星の衝突によって地球上の生物が大型恐竜も含めて短期間に大絶滅したあと、再び生物が（動物も植物も）回復した古第三紀（〇・六六〜〇・二三億年前）に現れたことが、その頃の地層に含まれている花粉の分析で明らかにされ、そして、その地層の位置から、それはアカマツであろうとされている。

クロマツはそのあと第四紀（〇・〇二六億年前〜現在）、人類が誕生した頃に、アカマツから分かれたと言われているが、アカマツと遺伝的に近い関係にあり、この両者は今も交雑しやすくアイグロマツと呼ばれている交雑種がよく見かけられている。

アカマツが現れた頃、地表はほぼ全てが樹木で覆われていた。新しく生まれたアカマツが暮らせるのは、競争相手の少ない厳しい条件のところに限られていた。同じ裸子植物のスギやヒノキに比べても、やせ地、酸性土壌にも生育する。特に花崗岩地帯や蛇紋岩地帯でも暮らせる植物である。そのわけは、これらマツ属の植物が根に菌類（カビ、きのこ類）をつけ、これらと共生し、互いに助け合って進化してきたからである。

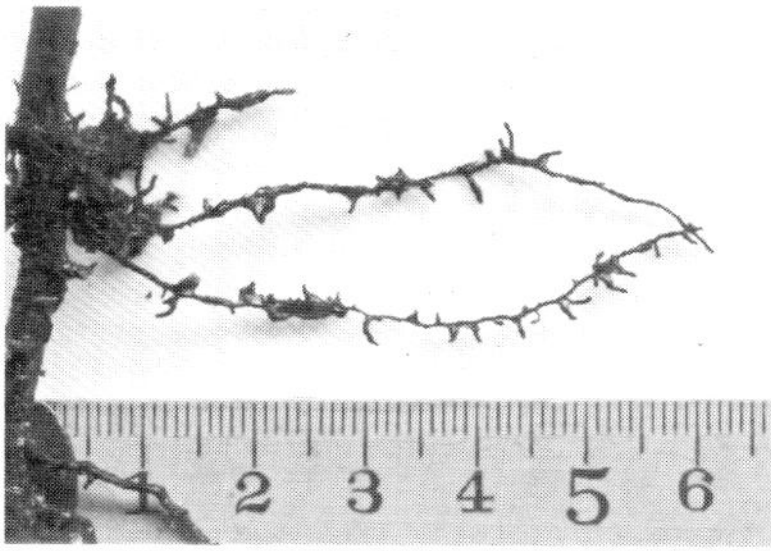

菌根のあるクロマツの根

菌類とは一般にカビ、酵母、キノコなどと呼ばれている生物で、通常は糸状の菌糸と言う組織からなり、胞子で増える。葉緑素を持たず、自分で有機物を作ることができない。キノコは胞子を放出する器官で、体は通常は菌糸でできていて、ある時期、それが集まって胞子を放出するための器官であるキノコが形成される。

菌根とは、この菌類が樹木の根と共生する現象を指している。アカマツやクロマツは根に菌類が共生し、光合成で作った有機物を菌類に与えると共に、地中広くにはりめぐらされている菌類の菌糸が集めた水分や無機塩類をもらって生活している。アカマツやクロマツが栄養分の少ない土壌でも暮らせるのは、これら菌根菌と共生しているためである。

アカマツはさらに種子が乾燥や低温に強く、そして種子に翼があり、風によって遠くまで運ばれる。陽樹（発芽するために光が必要）であって、自然の植生が何らかの原因（火山の噴火、山火事、洪水、人による耕作）で壊され失われた時に、いち早くやって来て生育するので、先駆植物とも呼ばれている。

海岸の砂浜や砂丘で、その環境に適応してアカマツから変異したクロマツも、基本的にはアカマツの性質を受け継いでいる先駆植物。砂浜や砂丘はアカマツが暮らす内陸部よりも更に栄養が乏しく、そして塩分を含んだ風にさらされていて、クロマツは塩分に強い葉の形を持ち、さらに特別な菌根菌やきのこ類と共生して暮らしている。だが、先駆植物でしかも陽樹であるクロマツは自然の状態では安定したクロマツだけの林を作ることは難しいのではなかろうか。人が苗を育て、垣根を作って飛砂を防ぎ、大事に育てたクロマツの種子は林内で自然に芽を出すことができない。林の中でその林を作っている樹木の種の種子が芽をだして、次の世代を作ることを「天然更新」と言うのだが、クロマツの林は天然更新ができない。

そしてさらに、林が育ち、落ち葉が貯まり、地面が貧栄養状態から富栄養状態に変わると、林の中に広葉樹が芽を出しはじめる。林は小鳥の住み家、子育ての場でもあり、小鳥が集まり、鳥の糞の中に含まれていた広葉樹の種子が暗い林の中でも芽を出すというのは、自然の成り行きではなかろうか。広葉樹はクロマツよりも速やかに育ち、やがてクロマツと広葉樹の混交林となり、クロマツは枯れ、広葉樹の林となる。

この現象を「クロマツ林の荒廃」と見ることもあるが、これは自然における植物の植生の移り変わり（遷移）としては当然の現象であって、先駆植物として導入されたクロマツがその使命を果たして、砂丘の環境を変え、広葉樹など他の種類の樹木を呼び込み、生物の多様性を増しながら、自然の森林植生に回帰する過程でもあるのだ。

## ◆クロマツ砂防林の変遷—平吹《ひらぶき》論文から

海岸に作られたクロマツの砂防林が広葉樹との混交林となり、更に広葉樹の林へと移り変わるのにはどれほどの時間がかかり、どのような道すじで移り変っていくのだろうか。

植物生態学者の平吹義彦さんと長島康雄さんは、このことを調べて二〇〇二年に論文を発表しているので、それを紹介したい。

南東北、太平洋岸の仙台湾の砂丘には、クロマツの砂防林がひろがっている。この砂防林はこの海岸の西側に広がる水田地帯の集落の住民が、代々作り続けてきた海岸林で、特に昭和八年（一九三三）の三陸大津波のあと、集落ごとに海岸林保護組合が作られ、さらに連合会まで出来て植えつがれて来たものであった。この論文はこのようにして作られてきた仙台湾の井戸浜砂丘地にある古い老齢松林二箇所とその東側の二つの若い林の合計四カ所で、全ての生きた植物の種名を同定し、クロマツが優占する林に、他の種がどのように侵入し、自然林へと移り

四つの調査地における植物の種類数［平吹（2002）による］

| 調査地 | 海岸からの距離 | 広さ | 主な種類 | その他 | 種類の数 | 伝播様式 | | |
|---|---|---|---|---|---|---|---|---|
| | | | | | | 風伝搬 | 動物搬 | 不明 |
| A | 50m | 10×10m | クロマツ（35年生） | 樹冠5m以上 | 2 | 2 | 0 | |
| B | 130m | 15×15m | クロマツ（66年生） | 樹幹10m以上 | 3 | 2 | 1 | |
| C | 300m | 15×20m | クロマツ（150年生） | 混交林 | 22 | 2 | 20 | |
| D | 530m | 40×30m | クロマツ（150年生） | 混交林 | 52 | 9 | 41 | 2 |

*　C、D間には貞山堀がある

**　周りの自然植生：アカガシ、ウラジロガシ、シラカシ、シロダモ、ヒサカキ（温帯常緑樹自然分布の北限）

変わるかを記録したものである。

調査区はAからDにかけてクロマツの移植後の年数が多い。移植後年数の少ない、若いA、B区ではクロマツが優先しているが、古い区ほど混交林化してきて、調査区Dではアカマツがクロマツよりも多い。この付近の海岸の乾いた地域ではアカマツが優占している。なお、クロマツ、アカマツは種子が風伝播種であるのに対して、侵入した種の多くは動物（多くは鳥）によって伝播されている。

以上の結果から、クロマツ移植による海岸林を放置すれば、その地域の自然林に遷移していくものと考えられる、とこの論文では結ばれている。

この論文を私流に表現すれば、「海岸の砂地にクロマツの海岸林を作れば、まず、鳥がやってくる。鳥はこの林を棲家とし、春には巣を作り、卵を産み、子育てをする。子鳥に食わせる昆虫類もこの林で探す。そして、まわりの自然林で食べてきた広葉樹の実の中の種子が糞としてばらまかれ、クロマツの落ち葉で少し豊かになった薄暗い林内で芽を出す。こうしてクロマツの林は百五十年もすると次第に広葉樹との混交林となり、その地域の自然林となっていく。

この移り変わりの道すじは、地域により多少の変化はあるにしても、極く一般的な遷移の道すじなのではなかろうか。

## ◆クロマツ林の落ち葉掻き

だが、秋から春にかけてシベリアの高気圧から吹き付ける強い北西風による飛砂を避ける目的で作られた東北地方、日本海側の砂浜の海岸林が植物の自然の移り変わりの結果、広葉樹との混交林になれば困った問題があった。

それは、広葉樹は潮風に弱いということ、冬の間、葉を落とす広葉樹は冬中、針のような葉を密につけているクロマツに較べると、風を止める働きが弱いということである。

日本海沿岸の砂浜や砂丘には十七世紀の終わり頃からクロマツの海岸林が作られてきた。色々と変遷はあったが、十九世紀末、徳川の世が終わりを告げる頃まで、二百年以上もクロマツの海岸林が混交林にならずに植えつがれて来た。何故なのか？

前にも説明したように、海岸林にクロマツが選ばれたのは、色々な種類の木を植えてみて、最後に残ったのがクロマツだったと、あちこちの言い伝えが残されている。しかし。海岸に住む人々にとって、このクロマツの落ち葉や、枯れ枝は煮炊きの燃料となり、畑の堆肥となる大切な資源だった。クロマツ林では「松葉掻き」が頻繁に行われ、その結果、富栄養化して混交林に移行することが止められていたのである。

「松葉掻き」、昔の海岸林では、秋から冬にかけて落葉した松葉を「松葉ほうき」というやや大きめの竹ほうきで集めて家に持ち帰っていた。その結果、林内は砂がむき出しになり、いわゆる「白砂青松《はくさせいしょう》」の風景が作られ、キノコのショウロも至る所で発生していた。こうやって、自然の移り変わりが中断され、クロマツの海岸林が保たれたのである。

しかし一九〇〇年代になって、家庭で使われる燃料が石油やガスに取って代わられ、又、化学肥料の生産により堆肥のもととなる松葉も使われなくなった。私は一九三三年に生まれ、いわゆる昭和一桁世代。私の育った家の台所には大きいカマドが二つあって、一つにはお湯を沸かす釜が、もう一つは飯炊きの釜がかけてあった。朝起きると、母はまずカマドで火を炊き、湯を沸かし、米を炊いた。その時、必要となるのがタキツケ。枯れた松葉は最高のタキツケだった。タキツケの火はやがて薪に移され、湯が沸き、飯が炊けると、カマドの澳《おき》はシチリンに移され、炭がつぎ足され、味噌汁が作られた。しかし、第二次大戦後、私が高校に通う頃になると、台所に石油コンロやガスコンロが置かれるようになった。そして、電気炊飯器が登場する。母の朝の仕事は大変楽になったようである。その結果、クロマツ林では落葉の「松葉掻き」が行われなくなり、混交林が進行するようになった。

クロマツは栄養の乏しい砂地に適応した先駆植物である。クロマツを栄養、すなわち肥料分の多い土で育てると、主根だけで側根を出さなくなる。そして側根の細い根と共生する菌類と作る、いわゆる菌根も減るという。更に地下の水位が高いと、主根が下に伸びず横に広がり、幹がぐらぐらするようになる。

富栄養状態のクロマツは、人にたとえれば成人病の状態と言えるのではなかろうか。健康なクロマツ林とは、簡単に言えば、林床に落ち葉が無く、ショウロのようなキノコのよく出る林と表現できる。

# 第三章　マツクイ虫、マツノザイセンチュウの感染症

クロマツの海岸林と長い間付き合ってきた私にとって、クロマツを大量に枯らす通称マツクイ虫、マツノザイセンチュウについて目をそむけるわけにはいかない。二〇〇四年、あの美しかった秋田のクロマツの海岸林がすっかり枯れて幹だけが棒のように残り、日本海と男鹿半島の寒風山が枯れたマツ林越しにくっきりと眺められるようになったあの日、その風景は今でも目の奥に残っている。

## ◆マツ枯れの歴史

十七世紀から植えつがれた東北地方、日本海岸のクロマツの海岸林が何らかの原因で大量に枯れるということはなかった。勿論、三百年近くマツ林は枯れた松

葉や小枝がよく掻かれ、クロマツにとって良い環境であったことにもよるが、その他、外からクロマツを枯らすような害虫や伝染病のようなものもなかったという事だったのであろう。

マツ林が何らかの原因で大量に枯れるということが明らかにされたのは、一九一三年、長崎の農事試験場の昆虫学者、矢野宗幹さんによる報告書による。それによれば、長崎の周辺でアカマツ、クロマツが大量に枯れ、その被害の様子が現在のマツノザイセンチュウ病のマツ枯れとそっくりだとのことである。当時、一九〇五年、日露戦争が終了し、長崎には造船所やドックがひしめいていた。矢野さんはマツ枯れの原因は特定できないが、枯れた木を切り倒し、樹皮をはいで焼却することをすすめている。その指示によってマツ枯れはそれ以上進まなかったようである。

しかし、それから一九二四年にかけて、九州、山陽のマツ林のアカマツ、クロマツが点々と枯れ、さらに一九四〇～一九四五年、第二次大戦中に軍事目的のため港湾などへの立ち入りが禁止され、マツ枯れの発生源が放置され、マツの丸太が移動するなどの結果、マツ枯れが一九四五年の終戦時には七十一万立方メートル／年に、さらに一九四七年には八十二万立方メートル／年に全国的に広がった。

当時、日本は米国の占領下にあった。このマツ枯れの広がりを重く見たＧＨＱ（連合軍最高司令官総司令部）はアメリカ農務省の森林昆虫の専門家、ロバート・ファーニスを日本に呼び、対策を立てることになった。ファーニスは二十世紀の初頭、アメリカに侵入してニレやクリの木に激しい被害をもたらした「ニレの立ち枯れ病」と「クリの胴枯病」の防除の経験者であったと思われるが、彼の勧告によって枯れ始めたマツ林は健全なものまで伐り倒され、樹皮をはぎ、ＢＨＣなどの薬剤を散布したのち根株まで焼却処分されたという。

その結果、一九六〇年、マツ枯れの被害量は三十万立方メートル／年まで減少した。それ以後の被害量を表にしてみると、次の通りである。

一九六〇年の三十万立方メートルは、当時のＧＨＱの指導と、対策に従事した人数が確保できたことによるものと思われるが、一九七三年には日本は独立し、高度経済成長期に入り、マツ林にお金も人もつぎ込まれなくなり、更に一九七九

マツ枯れの被害量

| 年 | 被害量（立方メートル/年） |
|---|---|
| 1947 | 82万 |
| 1960 | 30万 |
| 1973 | 70万 |
| 1979 | 243万 |

年には当時寒冷期の低温のため広がらないだろうと思われていた東北地方の海岸部までマツ枯れが広がりはじめたためである。

一九六八年、いわゆる「マツクイ虫」は「マツノザイセンチュウ」と「マツノマダラカミキリ」による感染症である事が証明され、マツノザイセンチュウはアメリカのザイセンチュウと同じ種であり、アメリカの二葉松類はザイセンチュウの感染によって枯れないこと、日本にも近縁種のニセマツノザイセンチュウがいて、それによって二葉松類は枯れないことなどが明らかになった。マツノザイセンチュウはアメリカから輸入品の梱包材として使われたマツの生木材に入って侵入したものと思われた。

## ◆マツノザイセンチュウと運び屋マツノマダラカミキリ

マツ枯れの原因がマツノザイセンチュウというものだということが明らかになったが、センチュウとはどんな生き物なのだろうか。子供のころ、人体の腹のなかにカイチュウという寄生虫が住みつき、カイチュウを退治するために、時折苦い「虫くだし」を飲まされた。そのカイチュウはマツノザイセンチュウと同じ仲間の動物で、細長い体をして口と膣門をつなぐ消化管と生殖器官だけの動物群である。マツノザイセンチュウは体長が〇・六〜一ミリメートルの糸状の体をして、マツの材の内部で増殖する。このセンチュウに侵されるとマツは急速に衰弱し、樹脂の流出が止まり、急速に枯れる。

でも、その手も足もない一ミリ足らずのセンチュウが一体どうやって日本国中に広まったのだろう。実はこのセンチュウを運ぶ運び屋がいたのだ。一九七一年、マツ林のなかに棲むマツノマダラカミキリがこのセンチュウを運ぶことが明らかにされた。マツノマダラカミキリは体の長さが二〜三センチの長い触角を持った甲虫である。この虫は年一回、五月～八月に現れ、枯れかけたマツなどに産卵する。もし、その木にマツノザイセンチュウがいると、卵からかえったカミキリの幼虫にはいり、翌年春、成虫となって木の外に出るときにカミキリは、体の内外にセンチュウをまとって出ることになる。カミキリの成虫はマツの若い葉をかじる習性があり、その時、センチュウはまたマツの樹内に移り、材の中で増殖する。

このようにセンチュウはカミキリによって運ばれ、カミキリはセンチュウに

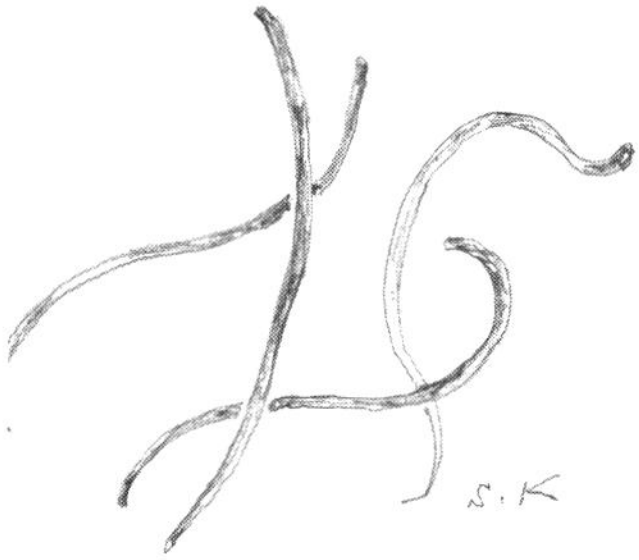

マツノザイセンチュウ

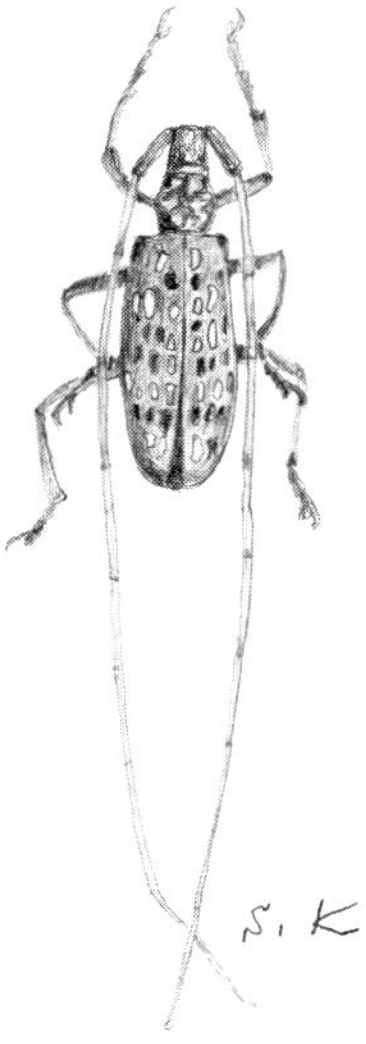

マツノマダラカミキリ

季節によるマツノマダラカミキリ、マツノザイセンチュウ、マツの相互関係

| | 夏 | 秋 | 冬 | 春 |
|---|---|---|---|---|
| マツ | 感染・樹脂止まる | 針葉変色 | 変色 | 枯れる |
| マツノマダラカミキリ | 摂食・産卵 | 材内で幼虫発育 | 材内で蛹化 | 成虫羽化脱出 |
| マツノザイセンチュウ | 樹体侵入 | 材内で増殖 | 材内で増殖 | カミキリ成虫に取り付き脱出 |

よって衰弱し、枯れかけた木に産卵して増えるという、両者がお互いに利益のある関係で結ばれていることが解ったのであった。

この両者と季節との関係は、この両者を防除する上で大切な観点となるため簡単に表で示しておきたい。

さてこのマツ林の大敵、マツノザイセンチュウを退治するには、どうしたらよいのだろう。

マツノマダラカミキリによってセンチュウが広がることが明らかにされた時、感染症防除に従事していた人々は「あゝ、化学殺虫剤が使える」と胸をなで下ろしたという。しかし、広いマツ林に毎年殺虫剤をヘリコプター

で散布しても、松枯れは止まらなかった。一方で、松林の陸側には市街地が広がり、小中学校ができ、保育所まで作られるようになると、「ヘリコプター散布は止めてほしい」という声まで上がるようになったという。

## ◆マツノザイセンチュウ病を防除するにはどうしたらよいのだろう。

### (1) マツの樹幹に薬剤注入

マツの樹幹に注入してセンチュウを殺し、マツ枯れを止める薬剤はある。ただし高価、しかも一本しか効かない。

### (2) 化学殺虫剤

殺虫剤はカミキリムシには効果がある。ただし一生の大部分を樹内でおくるカミキリムシには殺虫剤は届かない。成虫の期間は六月〜八月の短い間で、しかも散発的に成虫になるので、計画的なヘリコプター散布はあまり効果がない。逆に林内の他の虫や鳥を殺すことになり、天敵による防除効果を失うことになる。しかし、殺虫剤は、たとえばカミキリの広がる前の予防のための散布とか、使い方によっては大事な防除手段である。

（3）伐倒駆除

センチュウもカミキリムシも秋から翌年の春まで樹内に止まる。秋、これらに犯されて枯れたマツを伐倒して駆除する方法が効果的である。伐倒した材は焼却するか、くん蒸処理、粉砕（チップ化）のいずれかの方法で処理する。ただ、北東北ではマツ枯れが翌年に持ち越されるという問題もある。

（4）抵抗性二葉松類の選抜

いちばん望ましい方法ではあるが、まだ未完成。

（5）発生抑制

・進入路周辺のマツの全木伐採
・広葉樹との混交林化
・マツの健全育成

以上、いろいろな方法があるが、決定的な方法はない。東北地方の日本海のクロマツの海岸林は広大で、これらの、どの方法を採用するにしても、人手と資金を要する。それをどうするか……が問題であると思う。

## ◆二〇二三年秋、秋田の松林はどうなったか？

一九七八年、夫の転勤で、私たちは沖縄、九州、四国、茨城と引越しを繰り返し、一九九一年、夫の退職で秋田に戻ってきた。この頃は、秋田海岸のクロマツはまだ健全であった。秋田で三年過ごしたあと、沖縄に三年住んだが、一九九八年から私の郷里の仙台に落ち着いた。

秋田時代の友人の佐藤晋一さんから「マツ枯れがひどいのでどうしたら良いか」というお手紙を頂いたのはこの頃である。お手紙によれば、秋田でマツノザイセンチュウ病が広がったのは二〇〇〇年から二〇〇三年にかけてのことである。一九九八年、秋田南部は豪雪に見舞われ、一九九九年から二〇〇〇年にかけ

マツ枯れの惨状

て夏の高温、その後一気にマツ枯れが広がったとのことであった。

二〇〇四年、機会があり、秋田に行った時、秋田の松枯れのひどさを初めて目にした。あの美しい海岸のマツ林が枯れて、幹が棒のようになり、日本海が正面に見渡せる景色に、私達は衝撃を受けて仙台に帰ってきた。

そして、二〇〇七年の秋、雪の降る羽越本線の車窓からこれを眺めてみようということになった。この時は象潟《きさかた》までしか行かなかったが、その時の印象を私は次のように書いている。

「クロマツが枯れて、列車から日本海が

よく見えるところにさしかかると、窓の外には右も左も一面に赤茶色に紅葉した背の低い樹、カシワに覆われているではないか。列車が進むにつれて家並みのまわりも、畑の縁もカシワ、カシワ。私はあっけにとられて眺めていた。」

令和五年（二〇二三年）秋、私ども夫婦は共に九十歳を過ぎ、あの海岸林がど

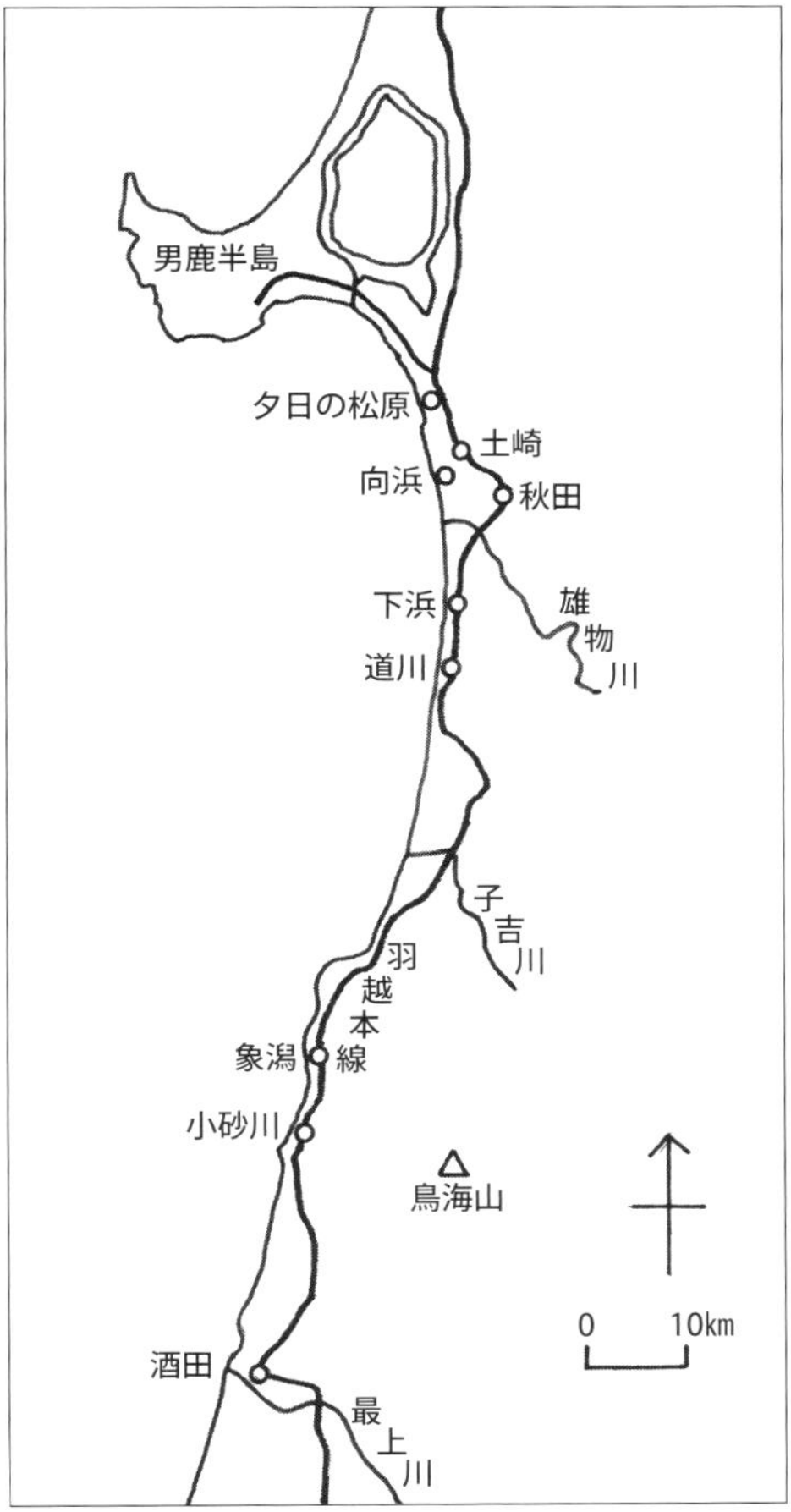

秋田から酒田まで

道川のカシワ

うなったかを、もう一度見ておきたいと思い立ち、重い腰を上げて秋田に旅立った。
今回は佐藤さん夫妻と一緒に見た夕日の松原や秋田市内の松枯れの様子、さらに次の日、羽越本線の車窓から眺めた日本海の沿岸、そして山形県庄内平野のマツ林など、十六年前に見た風景と較べてみたい。

## (一) 夕日の松原

秋田市から潟上市にかけて、日本海側に広がる海岸林、延長十四キロ、面積八百七十ヘクタールの規模を誇る「夕日の松原」。昭和二十五年(一九五〇)から県営で砂防林造成に取り組まれ、昭和五十二〜

六十年（一九七七〜一九八五）にさらに六十五ヘクタールを県が買い入れ造成した広い松林で、その中には、平成十一年（一九九九）に秋田県立大学が開校した。

しかし、この松林は、今のマツノザイセンチュウ病が広がり、その対策に頭を痛めている。

この松林はいわゆる「密植造林法」で作られた松林で、この方法ではクロマツが健康に育つためには、成長に応じて間伐（本数調整伐）が必要とされてきた。一九五〇年に植えられたクロマツは、もう七十年以上、一九八〇年に植えられた松でも四十年以上経過していて当初、ヘクタールあたり一万本植えられたクロマツは、次のような、かなりの間伐が必要なはずなのだが、

| 年（樹高） | ヘクタール当りの本数 |
|---|---|
| 四十年（十メートル） | 九百本 |
| 六十年（十五メートル） | 五百本 |

二〇〇四年、秋田でマツ枯れがひどくなった頃も、二〇〇七年、マツ林を眺

めた頃も、ほとんど間伐された様子が見受けられなかった。そして枯れたマツが目立ち始めた。

夕日の松原を切り開き、設立された秋田県立大学の有志とボランティアが集まり、「炭焼きで夕日の松原守り隊」の活動が始められたのもこの頃である。その方法は、まず「夕日の松原」内のマツクイ虫によって枯れたマツを探し、それを切って、炭焼き窯で炭として処分するという方法である。旧友、佐藤晋一、博子夫妻はその始めから、そして現在も、その活動に参加されている。

「夕日の松原」外から（佐藤晋一氏撮影）

秋田駅で迎えてくれた佐藤さんも共に年老いての再会であった。その日の午後、博子さんの運転する車で「夕日の松原」の炭焼き小屋まで連れて行ってもらった。

秋田の港、土崎から北上する。通称「男鹿街道」は、この「風の松原」の海岸寄りを通る。道の両側は密植されたクロマツ。所々、枯れたマツはあったが、全体として緑濃く、元

「夕日の松原」内部（佐藤晋一氏撮影）

気そうで、海は見通されなかった。途中から右折、県立大学に向かう。この辺りから枯れたマツが目立ち始める。樹齢は四十年ほど。そして車を止め、炭焼き小屋まで歩く。林の内部は一変。マツの間伐はほとんど行われないらしく、細く下枝を枯らしたクロマツが、幽霊のように並んでいて、地面にはしょぼしょぼと雑草が生えているではないか！

やがて炭焼き窯のある広場に出た。陽が差し込む広場の周りには、枯れ残ったマツの下にカシワが陽に照らされて茂っていた。「マツを焼いたその炭で、時々バーベキューをしたりして、楽しんだのよ」と佐藤さんの奥さんは言われるが、時々楽しいことでもなければ、二十年以上も続けることは難しい仕事だったに違いない。

佐藤さんが送ってくれた「秋田魁《さきがけ》新報」の記事によれば、マツ枯れの被害は二〇〇二年以来減少傾向にあったが、二〇二〇年度からまた、再び増えはじめ、一五、四二五立方メートルにも増加した。地球温暖化の影響で二〇二〇年頃からマツノマダラカミキリの雌の産卵数が増加したためで、十年以内に被害が夕日の松原全体に及ぶだろうという。そうしたら、ボランティアの手に負えないと佐藤さんは言う。

二〇二三年の秋には、夕日の松原で「松枯れ跡地に広葉樹を植える植樹祭」が開かれた。県立大学の主催で学生ボランティア七十人が参加、約七百本のカシワやナツハゼの苗木が植えられたとのことである。夕日の松原も次第に広葉樹林に変わっていくことであろう。

それにしても、なぜこんな広大な土地にクロマツを植えたのだろう。クロマツは先駆植物、貧栄養の土地を好む。広大な土地に密植したクロマツ林を作っても、クロマツは枯れるだけである。さらに、その上にマツノザイセンチュウの感染症が重なり、事態は深刻なものとなった。

一九八〇年代、日本は高度経済成長期、きっと広い松原を作って、その中に工業団地を作ろうと思ったのではないだろうか。しかし、クロマツは植物。クロマツ自体の生き方しかできないものである事をその時は頭に浮かばなかったのではなかろうか。

## （二）向浜のクロマツ海岸林

旧雄物川は秋田市の新屋まで平野の中を流れてきて、そこで砂丘に当たり、右折、砂丘の間を流れ、土崎の港で日本海に出ていた。

昭和十三年（一九八三）、新屋で雄物川を直進して海に流す新放水路が完成し、土崎港までの砂浜にはクロマツが植えられ砂防林となった。これが向浜《むかいはま》である。

秋田市の中心部は少し内陸にある。向浜までの砂地には県庁や市役所など官庁街が作られた。向浜のクロマツの海岸林が、冬の北西風から官庁街を守っていた。二〇〇七年、私たちは県の森林技術センターの金子さんに、この海岸林に連れて行ってもらったことがあった。

クロマツ海岸林は樹齢三十年、十メートルほどの樹高の、緑濃いクロマツ林で枯れた木はほとんど見当たらなかった。

「一九九九年から、この林にも松枯れが目立ちはじめました。毎日よく見回り、枯れはじめた木は伐採、焼却処分、まわりに殺虫剤をまき、そのあとにシナノキとかケヤキ、エゾイタヤなどを植えてみました。」と金子さん。植えられた広葉樹はいずれも青々と元気に育っていた。「殺虫剤がなければ、マツ林は守れなかったと思いますよ！」と顔をしかめながら金子さんはつぶやいた。

化学合成殺虫剤。私の夫は長い間「殺虫剤を使わないで作物の害虫を防除する」という仕事に取り組んできた。そして、今は「殺虫剤が悪いのではない。使い方が問題なのだ」と言う。私もそう思う。

あれから十六年、秋田の官庁街の中を通った広い道を車で通り抜けたが、官庁街は健在、ビルディングも増えたようだ。向浜まで行く事は出来なかったが、松林は健在なようだ。

## （三）下浜《しもはま》、鉄道林

私の教職の最後の勤務地は新屋の中学校。新屋のすぐ下の海岸、下浜は学区内だった。受け持ちの一年生の家庭訪問で下浜を訪れたことがあった。新屋からバスで小さい峠を越えて海岸沿いの下浜まで下ると、何となく少し雰囲気が違うような感じがした。

今回この原稿を書くにあたって色々と調べてみたが、何と藩政時代、秋田藩は新屋までで、下浜は亀田藩という、より小さい藩に属していたのだった。今は同じ秋田市の一部なのだが、そこに住む人々の気分の中に、その違いが何か残っているようだ。

地形的にも、新屋から南は丘陵が海岸までせまり、狭い砂浜には国道七号と羽越本線の線路が並列して走っている。この海岸の砂防林は、もっぱら鉄道を守る砂防林として作られ機能して来た。しかし、一九八〇年代からマツノザイセンチュウによる被害が激しく、マツの幹だけが棒状に残るだけとなり、国道や鉄道、そして住んでいる人に被害を与えているという。

二〇二三年の現在、枯れたあとが整地され、堆砂垣法によってマツ林が再生されていて、若いマツがかなり伸びていた。これはＪＲや県、それにボランティアが集まり、若いマツ林を見守っているとのことである。あと十年、きっと立派な海岸林に育つことであろう！

## (四) 道川《みちかわ》、カシワ林

十七年前の羽越本線の旅で「……窓の外は、右も左も一面に紅葉した背の低いカシワに覆われているではないか……」と記したのは、この道川あたりからであった。あれから十七年、道川駅のカシワはすっかり大きくなり、一面のカシワ林となっていた。

昔、中学校の教師になりたてのころ、中学校のそばに広がるクロマツの海岸林

の中に、所々茶色に枯れた葉をまとったいわゆる「汚い木」に出合い、それがカシワの若木で春になればいわゆる「カシワ餅」の緑の葉をつけることを見出したことがあった。そして、「カシワが何故こんな所にあるのか」と不思議に思った。参考文献をあたり、あちこち調べまわったあげく「カシワはクロマツの海岸林が作られる前の自然植生」ではないかという結論に達した。このことが、それ以後、私が海岸林にのめり込んだ一つの動機であったと今は思っている。

　マツが枯れてその下で小さくちぢこまっていたカシワが陽の光を充分に浴びて葉を伸ばし秋には赤く紅葉する。その姿を感激して眺めたことには、こういうことがあった。

「クロマツが枯れてもカシワの林にすれば良い」と今では半ば常識のようになっていて、枯れた海岸林の後にカシワが植えられ、クロマツ林の中の小さいカシワの芽も捨てられずに残されるようになった。しかし、カシワにも問題がないわけではない。「ナラ枯れ」、カシノナガキクイムシによるナラ枯れに、ミズナラと同じようにカシワも被害を受ける。しかし、これは自然界で生き物が暮らす上での成り行きで、同じ生き物であるヒトも、これに従う他ないのではないかと私は思うのである。

## （五）象潟

本荘《ほんじょう》を過ぎてさらに南下すると、火山、鳥海山の麓にさしかかる。象潟、ここは九十九島が浅い海に浮かぶ名所。「松島か象潟か」と言われ、かつて芭蕉が訪れ、「おくのほそ道」に、「松島は笑うが如く、象潟はうらむがごとし」と書いたところであったが、文化元年（一八〇四）の象潟の大地震で隆起して陸地になり、今は水田に小島が浮かぶというユニークな眺めになってしまった。

列車が象潟に近づくと車窓からの眺めが少し変わった。羽越線と並行して走る国道九号沿いの松林が枯れていない。当たり前の眺めなのだが、それまで海岸林の枯れた後ばかり眺めてきた私にとって、それは「おや」と思わせる風景だった。象潟に近づくと、さらに水田に浮かぶ小島の上のクロマツが緑濃く、枯れ葉が見当たらない。ここだけマツノマダラカミキリがよけて通ったのではないかとさえ思うような風景であった。

象潟に下車して、町の役場で聞いたわけではないので、私の推察もあると思うが、この後、山形の庄内平野の海岸林に接し、さらに酒田市の「万里の松原に親しむ会」から資料を送ってもらい調べた結果、庄内平野の海岸林が枯れずに保たれたのには、それなりの理由があることを知った。そして象潟は、今は秋田県の一地方ではあるが、庄内に近く、庄内の文化圏にあり、その影響を受けていると推察した。では庄内のマツ枯れ対策とは、一体どんなことなのか。それは酒田の項で明らかにしてみたい。

象潟付近のマツ林

## (六) 小砂川《こさがわ》

象潟から山形県境を越えて、遊佐町の吹浦までは鳥海火山の溶岩が日本海まで流れてきた岩礁地帯で、砂浜や砂丘は存在しない。しかも、この付近には温暖な

小砂川付近の海岸林

対馬海流が沿岸地区に近づくため温暖で、岩礁の上を通る羽越線の車窓から長えると、水ぎわ近くのブッシュは冬が近いのに緑濃くピカピカと光って見えた。「あゝ、これはタブだ！」。県境の三崎峠にはタブの純林もあり、最近の温暖化の影響を受けて少しずつ広がっているという。北を向く岩礁にはカシワ、南を向いた所にはタブと、自然それぞれの環境に適した植物を分布させている。そしてクロマツ、人の力で海岸林を作っているクロマツは、そのためかなり無理をさせられているように私には思われる。

## (七) 酒田、庄内平野の海岸林

鳥海山の麓の岩礁地帯を南下した羽越本線は、

庄内平野の海岸林

山形県との県境を越えると、少し内陸部を走り、やがて酒田港を目指して日本海に近づいてゆく。車窓から外の風景を眺めていた私はそこに立派な海岸林があることに気づいた。緑濃く背の高いクロマツの海岸林、マツノザイセンチュウ病によって枯れる前の秋田の沿岸を彩っていたのと同じような堂々とした海岸林がそこにあった。さらに内陸部分、庄内平野の中ほどにも、海岸と並行に土が盛られ、その上にクロマツの林、それが又、枯れた木がなく緑々としたクロマツ林。いったい、これはどうしたことなのだろう。

　酒田市に宿泊して庄内海岸をいろどる海岸林をぜひ、この目で見たいと思ったのだが、その余力は残っていなかったので、他日を期して秋田に戻った。

その後、酒田には「万里の松原に親しむ会」があることを知り、手紙を出して資料を色々と送ってもらい、それらを読んでみた。

日本海に面した庄内平野の海岸はもともと自然林が存在していたという。戦国時代の戦乱や製塩のため、自然林は伐られ、大河、最上川に運ばれた砂が積もり、季節風によって飛ばされた飛砂が激しくなった。飛砂対策として十八世紀中頃から、クロマツの海岸林の造林が、この平野に住む有力者の手で次々に取り組まれた。いずれも将来、地域のため子孫のためという「公益」の精神があったためと今は考えられている。しかし、近年、特に第二次世界大戦の混乱した時代に、再び荒廃し砂が飛び始めた。私が一九六〇年代に飛砂で埋まった家を見に行ったのは、実はこの庄内浜の十里塚であった。当時は飯に砂が入らぬように食事時には傘をさして食べたという。

困窮した地元では、海岸の民有地三百ヘクタール余りを国に納め、一四五一年から国営事業として海岸砂地造林事業の植林が始められ、現在は最上川の川口以北と南部の海岸に、延長三十三キロ幅一・五～三キロ、二千五百ヘクタールに及ぶ海岸林があるという。

私たちが車窓から眺めたのはこのうち北側の海岸林だった。さらに驚いた事には、この庄内浜の海岸林には「出羽庄内公益の森づくり事業」という運動があり、二〇〇二年から二十年も続けられているという事である。それは地域の国や県、市町村などの行政機関と森林組合、大学、高校、小中学校、保育所などの教育機関、それに地域住民のＮＰＯなどのボランティアが年三回集まり、この「庄内の海岸林、公益の森づくり」を考える会議が今でも続けているということである。

私たちが連絡して資料を取り寄せた「万里の松原に親しむ会」はこのうちの「地域住民のボランティア」によって作られた北側の松原百三十四ヘクタールを守る会で、この二十年間、毎月会報を出し、活発に活動を続けている。会長の三浦さんによれば、クロマツ林の下草刈り、枝打ちなどの他に「楽しく、長続きする運営」を心がけているとのことである。活動の内容は、松林の整備、それに保育所も含め小、中、高校生が松林と親しむために、松林の中で音楽会を開いたり、「クロマツの歌」を作り、保育所の卒園式で歌ったり、林のイベントの終わりに合唱したりしているとのことである。

クロマツの海岸林は、それによって守られている地域に住む人々が、その保全のために活動に参加することによって守られている。その活動は「楽しく、生きがいを感じ、そして長続き」するもので、次の世代の子供達を巻き込んだものでなければ長続きしない。庄内の海岸林が緑深く元気なのは、ここに原因があったのだ。

写真で見る限り、戦後、庄内浜のクロマツの海岸林は、旧来の堆砂垣法で作られたようである。マツノザイセンチュウ病に対しても、「関係機関が連携して防除対策に取り組んで来た結果、庄内地方のマツ食い虫被害量は二〇〇二年の一一、四〇〇平方メートルを近年のピークとして減少傾向を維持しており、二〇一〇年は一、七〇〇立方メートルとピーク時の十五％まで減少」とある。

殺虫剤についてもヘリコプターで海岸林全体に散布するようなことはせず、

「あらかじめマツの枝に殺虫剤を撒きつけておく予防散布をすることによって、マツノマダラカミキリ成虫が飛来、侵入するような場合には有効な手段となる」とあり、まとめて表現すれば、現在用いられている全ての防除手段を色々組み合わせて有効に使っているようで、これは県や市の行政機関だけでなく、大学など教育研究機関や地方住民のＮＰＯなども加わった集団が対策を考えることが出来るからであろうと推察した。さらに将来、広葉樹が侵入し、混交林となり広葉樹林と移りかわることも「これは自然の成り行き」と認め、これと柔軟に対応していきたいと述べているなど、クロマツの海岸林の将来について考える時に大変参考になるものであった。

# 第四章　仙台湾の海岸林

仙台平野は東西十キロ、南北四十キロ、海抜五メートルの沖積平野、その平野の太平洋岸が仙台湾で、沿岸には日本海溝の太平洋プレートがユーラシアプレートの下に沈み込むプレート境界があり、ここは地震の巣。二〇一一・三・一一の大地震と津波はこの境界で大きな地殻変動が生じたことによるものである。

私は、この平野の西側に広がる段丘の上の仙台市で生まれた。そして、一九六一年から十七年間、日本海沿岸の秋田市に移り住んだ。秋田市は仙台市より少し北東北、しかし南北の差よりも、太平洋岸か日本海岸かによって、その気候が全く異なっている。海岸林はその場所の気象条件により大きな影響を受けるので、いずれこの問題は次第に取り上げて行きたい。

一九七八年、夫が沖縄で日本復帰後に行われたミバエという果物や野菜の害虫防除に従事することになり、私も教員を止め、一家、私ども夫婦、八十歳の老母、十歳の息子をあげて沖縄に移り住んだ。それから二十年近く、沖縄、九州、四国、筑波と転勤に伴う引越し暮らしを続けたのち、一九九八年春、老後を暮らすために故郷の仙台に戻ってきた。

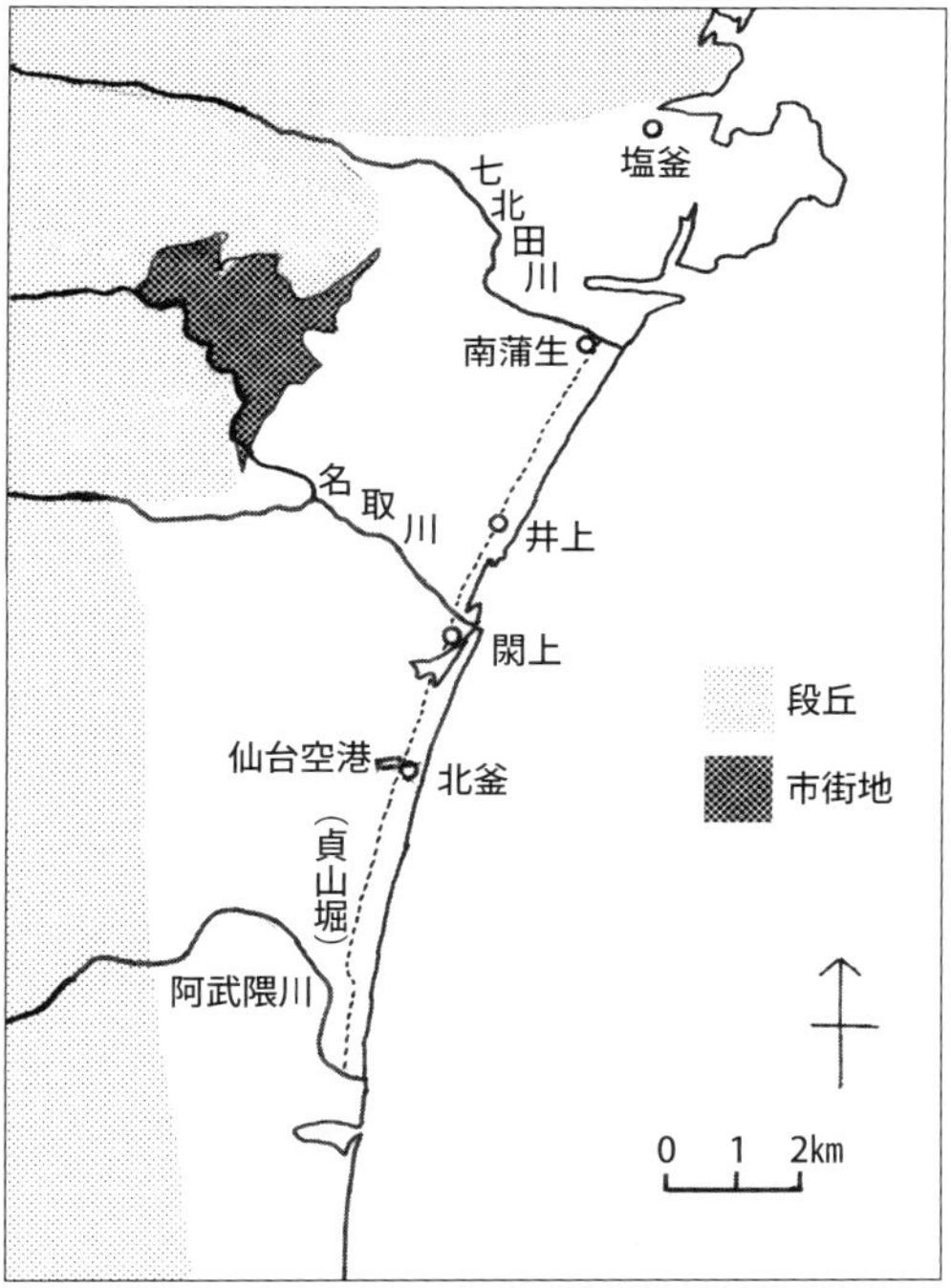

仙台湾の地図

沖縄の暮らしは二回にわたり合計八年。亜熱帯の島、沖縄はサンゴ礁のリーフに続く白い砂の海岸、そしてその奥には、緑濃い亜熱帯の森が続いていた。植物の種類は、その場所により、いろいろ。アダンの茂るブッシュだったり、黄色いユウナの花が浜辺を飾っていたり、緑濃いフクギの並木だったり、オーストラリア原産のモクマオウの海岸林のところもあった。

長い間、秋田で暮らして海岸はクロマツの海岸林とばかり思っていた私にとって、この沖縄の海岸の風景は、それまで考えていた海岸の砂浜の植物を見る目を広げてくれた。

## ◆仙台湾、南蒲生《みなみがもう》のクロマツ林

一九九八年、老後を仙台に住むことにした私達は、夫の定年後、もう一度暮らしていた沖縄の那覇空港から飛び立った。仙台に向かった飛行機は房総半島から北上、そこで右旋回し海に向かい、さらに百八十度反転して、海岸にある仙台空港に向かった。白い砂浜、それを縁取る緑の林、その奥に広がる水田、あゝ、ここにも松林があったのだ。

しかし、病気をしたり、いろいろなことがあり、実際に仙台湾の松林に初めて足を伸ばしたのは二〇〇八年の春早く。場所は仙台湾の北部、七北田川河口の南蒲生海岸であった。

海岸近くの内陸側に海岸と平行に運河「貞山堀《ていざんぼり》」（貞山は伊達《だて》政宗《まさむね》公の送り名）があり、まずその橋を渡る。運河の河岸の堤の上にはクロマツがあり、背高く緑葉を茂らせていた。枯れて伐られた株の年輪を見ると百年余り。伐られた後には小さい松の苗が植えられてあった。海岸沿いに仙台市の汚水処理所があり、そのそばを通って松林の中に入る。

この松原の様子が、秋田の海岸砂防林とは少し違っていた。秋田のクロマツの海岸林は幅が広いところでは千五百メートル近くあり、クロマツは碁盤の目状に縦横等間隔にきちんと並んで植えられていた。それが、この林では、林の幅も狭く二百メートルほど。クロマツはランダムに植えてあった。ただ、広い間隔を

南蒲生の松林内部

南蒲生の松林最前線

とって植えてあるクロマツは伸びのびと左右に枝を伸ばし、緑の葉を沢山つけていた。陽のさしている地面には、小さい松の「ひこばえ」が育っていた。

　さらに松林の中の道を進むと、所々に手作りの小さい立て札があり「火の用心」と書かれてあり、さらに驚いたことには、林内に、水の入ったポリタンクが数個並べてあって、その側にも「火の用心」の立て札があった。やがてクロマツは次第に背が低くなり、小さいクロマツも植えてあり、杉の間伐材で作られた防風柵を越えると広い砂浜、そして太平洋が広がっていた。

　秋田の海岸林のクロマツ林は静かだった。何度も中を歩いたが、人に会うことはなかった。小鳥の声もあまり聞こえず、静粛な世界、マツの匂いだけが漂っていた。

それに比べると、この仙台湾のクロマツ林は人の気配が漂っている。その日は誰にも出会わなかったが、人の目が届いている海岸林だった。

## ◆北釜《きたかま》のクロマツ海岸林

その頃、年をとったので自家用車は止めていた夫と私は、なかなか海岸林まで足を伸ばすことができなかった。しかし、いろいろ調べた結果、仙台空港まで電車で行き、そこから東側の名取《なとり》市北釜の海岸までは一キロほど歩けば、行くことができるということが解り、二〇〇九年秋、出かけてみた。

北釜という地帯は、かつて海岸で塩を焚く釜があったことによる。北釜から南の海岸沿いに、相《あい》の釜《かま》、長谷釜《はせがま》と地名が並んでいる。

空港のすぐそばで貞山堀を渡る。二百メートルほど行くと、左側に下増田《しもますだ》神

下増田神社

北釜の松林最前線

社、入り口に太く大きい三本のクロマツ。その下の小さいお堂は千体仏。沢山の小さいお地蔵様が納めてあった。神社のまわりは少し小高い丘。その上にも大きい太いクロマツがあり、藩政時代に植えられた、いわゆる「潮除《しおよけ》須《す》賀《か》松《まつ》」の名残なのではないかと眺めた。

さらに東に四百メートルほど進むと、小高い砂の丘があり、その上に七十年生（樹齢七十年）ほどのクロマツ林と東側は所々切り開かれて、家と畑があり、その先は背の低い三十年生と思われる松林が続き、そこを抜けると砂浜、高さ二メートルほどの防潮堤、そして波打際へと続いていた。

三十年生の松林のクロマツは根張りもよく葉の色も美しく地面は落葉による腐

植も少なく、枯れた枝を集めて処理されていて手入れの行き届いた健康な松林であった。

砂の丘の上の背の高い七十年生の松林、地面に草が生えていたが、比較的綺麗で、私達はその一角に座って持ってきた「おにぎり」を食べ、お茶を飲んだ。海からの風が吹き渡り、心安らぐ一時であった。

砂浜を南に少し歩くと、名取市と岩沼《いわぬま》市の境界を示す杭があり、そこからまた松林に入ってみた。海岸近くの三十年生のクロマツ林は比較的きれいだったが、その奥の七十年生と思われる林は地面が湿った状態で、所々クロマツが枯れて樹冠が途切れ、青空が眺められた。そのモジャモジャの背の低い木には赤い実をつけた灌木が多い。小鳥、ジョウビタキの姿も認められた。当時それらの灌木を採集して種類を調べたリストがあるのでここに載せておきたい。

そういえば、まだ車があった頃、私達は閖上《ゆりあげ》の町まで、よく魚を食べに行ったことがあった。仙台市の南、農業園芸センターのそばを通り、県道塩釜—亘理線を南下する。この県道は仙台湾のクロマツの海岸林のすぐ西側（陸側）を走って

ジョウビタキ

北釜海岸松林に侵入した植物名

| |
|---|
| サルトリイバラ |
| ガマズミ |
| ニセアカシア |
| ウメモドキ |
| コナラ |
| クリ |
| ノバラ |
| イヌツゲ |
| シロダモ |
| アカメガシワ |
| スイカズラ |
| カスミザクラ |

いて、秋になるとクロマツの海岸林の西側は多分、混交しているコナラが紅葉したのだろう、見事な赤茶色に染まっていたことをよく覚えている。平吹さんの論文にもあったように、仙台湾は東側の波打ち際から内陸、西側に向かって、順次、古い海岸林が残されており、広葉樹との混交化が進んでいたのであろう。赤茶色のコナラ林とその陸側に広がる野菜畑の大根の新芽の緑色とのコントラストを眺めながら走る県道塩釜―亘理線の旅は楽しいものであった。

## ◆海岸林清掃活動──大橋さんとの出合い

大橋信彦さん、私の高校の同級生、早坂泰子さんの弟さん。大橋さんとの出合いが、その後の私の海岸林活動の大きなターニングポイントとなった。

大橋さん姉弟は仙台湾の名取川河口の古い漁港の町、閖上で生まれ育った。大橋信彦さんは東京で勤められていたが、定年で退職された後、閖上でハマボウフウを守る「名取ハマボウフウの会」や「ゆりりん」の活動をされてきた方である。

ハマボウフウとはセリ科の多年草、海浜植物で、かつては日本各地の海岸に自生し、食材として、またその根は風邪薬として重宝されてきた。しかし、そのために乱獲されて激減し、また、海岸を走り回るバイクや四輪駆動車によって、その小さい芽が踏みつぶされて、砂浜から姿を消してしまった。

大橋さんは閖上の浜のハマボウフウが激減したことを悲しみ、もう一度、古里の浜をよみがえらせたいと二〇〇一年に「名取ハマボウフウの会」を結成し、閖上海岸でその保護育成に努力してこられた。わずかに残っていたハマボウフウの

ハマボウフウ

ショウロの胞子を接種したマツ苗をみんなで植える

株を増やし、その苗を砂浜に植える作業には、この地域にある宮城県農業高等学校の生徒も参加したということである。

また、「ゆりりん」は、閖上海岸の二度の山火事にあい、荒れ野原となっていたところに、もう一度クロマツを植えようと、宮城県仙台地方振興事務所とタイアップして立ち上げた「環境学習林創造モデル事業」で主役は地域の小中学生である。「ゆりりん」という名は、閖上の「ゆり」と松林の「りん」とを組み合わせて小学生が名付けた愛称である。

二〇〇九年の秋、「ゆりりん」の定例の海岸林清掃活動の集いに私達は誘われて参加した。当日は閖上の小学校、中学校の生徒達も加わり、松林の中を清掃したあと、ハマボウフウ入りのおにぎりをご馳走になったり、オカリナの演奏を聞いたり楽しく半日を過ごした後で、宮城県林業技術総合センターの職員の方から、根にショウロというキノコの胞子を接種するとクロマツの根がよく伸びることを教えてもらった。

そして最後に、県の職員の方から、「これから起こると予想される宮城県沖大地震の際の六メートルの高さの津波に備えて、長さ四十キロにわたる仙台湾の海岸全体にコンクリートの防潮堤を作ることは予算上とてもできないので、海岸林に二メートルほどの砂の丘を作り、その上にクロマツを植えようと考えている。」という話を聞いた。

## ◆六メートルの高さの津波

集いが終わり、帰りにＪＲ名取駅まで乗せてもらった車の中で、先ほどの話で聞いた「六メートルの高さの津波」のことが話題になった。車を運転してくれた大橋さんの奥さんが「六メートルの津波が閖上に押し寄せたら逃げるところがない」と言われたのが、今でも印象に残っている。大橋さん一家は閖上の街の中に住んでおられたのである。

仙台の街は仙台湾に面した百キロほどの滑らかな海岸線と、その奥に広がる、五十キロほどの沖積平野（海抜五メートル以下）、その西側に海岸線とほぼ平行に連なる段丘の上に広がっている。私はそれまでこの段丘の上に住んでいた。津波と言われても、一九六〇年のチリ地震津波しかしらない。震源は太平洋の東側のチリ沖でM八・七の大地震。一日置いて日本まで津波がやってきた。突然音もなく広がる海水、翌朝の新聞は仙石線の浜田の駅で線路に海水があふれ、乗客は渡線橋の上から途方にくれて恐々とそれを眺めている一枚の写真、それだけの経験なので、「六メートルの津波」と言われても正直なところピンと来なかった。

その後、秋田の松枯れのことを書いた私の小さい本を読んでいただいた大橋さんから、「ゆりりんの中学生に松林の話をしてほしい。」とのおすすめがあり、宮城の海岸林についての資料をいろいろ貸していただいた。それを読んで驚いたことには、「宮城の海岸林は津波対策として作られた」ものであった。日本海溝の巨大なプレートの沈み込みに面した、この太平洋岸は、そこに起こる地震と津波からは逃げられない場所であったのだ。

# 第五章　仙台湾の津波と海岸林

## ◆津波の記録

まず、過去に三陸および仙台湾を襲った潮（津波と高潮）について調べてみた。

貞観十一年（八六九）の大津波は当時松島湾の少し奥の丘陵地帯にあった国の出先である国府、多賀城にまで届き、そのことが早馬で中央にまで知らされたと、平安時代の国の公式記録「日本三代実録」には記されている。

貞観の津波から天正の記録までの間、七百年間は津波がなかったのではなく、記録の空白期間で、天正十三年以後は伊達藩の記録によるものである。

天正十三年から平成二十四年までの四百二十六年間に十五回の津波、平均して二十八年に一度というかなりの頻度である。

天下分け目の関ヶ原の戦いの後、一六〇一年、伊達政宗（三十五歳）は仙台平野の奥の海から離れた、小高い河岸段丘の上に城を構え、城下町を開いた。この頃、多くの城下町は大きい河川や海湾の近くにあった。それは利水に有利で、当時の物流の主流であった船運の便も良かったからである。なぜ、そのような場所を避け、水の便の良くない段丘の上に町を開いたのか。それは津波の難を免れるためであったと思われる。町を開いた十年後の一六一一年には「三陸震い、震害

仙台湾を襲った潮（津波と高潮）

| 発生年月日（和暦） | 発生年月日（西暦） | 津波の大きさ |
|---|---|---|
| 貞観11 | 869. 7. 9 | 大の大 |
| 天正13 | 1585. 6.21 | |
| 慶長16 | 1611.12. 2 | 大の大 |
| 元和 2 | 1616. 9. 9 | 小 |
| 元禄 4 | 1696. 2.26 | 小 |
| 享保15 | 1730. 8. 9 | |
| 寛正 5 | 1793. 2.11 | 小 |
| 天保 6 | 1835. 7.20 | 中 |
| 天保 9 | 1837.12. 8 | 高潮 |
| 弘化 4 | 1847. 8.27 | |
| 明治29 | 1896. 6.15 | 大 |
| 明治30 | 1897. 8. 5 | 小 |
| 昭和 8 | 1933. 3. 3 | 大の小 |
| 昭和14 | 1938. 5.11 | 小 |
| 昭和35 | 1960. 5.24 | 大 |
| 昭和43 | 1968. 5. 6 | 小 |
| 平成23 | 2011. 3.11 | 大（東日本大震災） |

軽かりしも、津波襲来し、伊達領内にての溺死者、一、七八三人」という被害があり、さらに一六一六年にも「仙台地強く震い城壁砂損、津波を伴う」などの記録もあって、このころの人は地震そして津波を強く意識して暮らしていたようだ。

仙台に城を構える以前、政宗は豊臣秀吉に命じられて京都で暮らしていたという。その折に瀬戸内地方の海岸の様子なども知る機会があったのだろう。仙台に来てからの政宗は名取川河口の蒲生萩田の領主和田因幡《わだいなば》に海岸砂地への造林を命じた。因幡は遠州浜松からクロマツの種を取り寄せ苗畑を作り、苗木を育て植林を行ったという。水分も肥料分も少なく、夏は焼けるように熱くなり、少しの風でも砂が移動する海岸の砂浜へのクロマツの植林は厳しい作業であったと思われるが、根気よく取り組まれた人々の力によって成長した松林は成長し、「潮除須賀松」と呼ばれるようになった。須賀とはこの地方の海岸一帯を指すことばである。

また当時、関ケ原の戦いで西軍を率いて負けた毛利藩は、減封され、家臣は浪人となったが、そのうちの川村孫兵衛《かわむらまごべえ》重吉を政宗は召抱えた。川村孫兵衛重吉は、若い頃、数学や土木技術、水利、天文、測量などをカトリックの神父から習い練達していたという。その才能と能力によって、広瀬川から取水した水がトンネル水路を通って城下に縦横に流れる四谷用水や、蔵王山麓から木を切り出して、平野に運び、さらに必要とする仙台に運ぶための「木引堀《こびきぼり》」を作り、また新田開発と運搬を目的とした北上川の改修工事、および塩田を開くなど仙台築城の後の十年間の土木工事には目を見張るものがあった。

## ◆海岸林保護組合

明治になってから大きく制度が改められた。海岸の藩有林は官林、今の国有林になり、伐木が禁止された。又、民有林も伐木が停止され、さらに明治三十年（一八九七）には潮害防備林に編入され、保護管理されることになった。

しかし、海岸の住民の「里山」として利用されていた仙台湾のクロマツの海岸林は、あまり姿が変わることもなく引き続き利用されていた。明治三十八年

（一九〇五）、東北地方大凶作。宮城の水稲は平年作の十七パーセント。この大凶作による罹災民を救うため、全国で義援金が集められ、それをもとに海岸で三十六町歩にクロマツを植えたとの記録もある。

さらに、昭和二年〜三年（一九二七〜一九二八）ころ、米国の金融大恐慌の影響を受けて米価が低下し、農家が作るコメの値段が三分の一に低下。又、昭和六年（一九三一）には東北地方が、再び冷害に襲われ、娘の身売りとか、一家心中が頻発した。又、この年にいわゆる「満州事変」がおこり。軍部の主導のもとに、日本が「十五年戦争」にも突入するという時代でもあった。

追い討ちをかけるように、昭和八年（一九三三）の三月、三陸東方沖にＭ八・五の強震があり、それに伴う津波によって、青森、岩手、宮城の三県で、死者、三千八名、行方不明、千百八十四名、被害家屋、二千九百九十八と大きい被害を受けた。そして、その年の六月、東京大学教授、本多静六氏などをスタッフとする三陸地方津波調査班が編成され、この津波に対する防潮林の効果が高く評価されたことから、「震嘯《しんしょう》（津波のこと）防止災害防潮林造成五ケ年計画」がスタートした。

マツの苗を植えるこの事業は、宮城県の沿岸に住む人たちの貴重な現金収入として歓迎された。当時は男、女、年寄りでも働ける人はみんな働き、一人一日約五十銭の賃金が支払われたという。現金が手に入る上に、植えたマツが育てば、マツ葉、小枝を集めて燃料にでき、伐採する時の代金の半分が地元に入るということで、大変活気づいて植林がおこなわれたとのことである。

そのうちに、将来までマツ林を守るために保護組合をつくるべきだという声が挙がり、各集落の全員が参加して海岸林保護組合が作られた。最初の組合は昭和十七年（一九四二）に、そして、昭和二十一年（一九四六）には二十二組合が設立、二年後には「宮城県海岸林保護組合連合会」が設立された。県単位の連合会が作られたのは全国でも宮城県だけ。唯一の連合会で、年一回総会を開くほか、砂丘のくずれの修理、新しくマツを補植したり、担当の海岸林を見守り続けた。又、先進地の視察や調査、研究などを行なったという。

その様子は、平成六年（一九九四）に発行された「海岸林を語る」に詳しく記されているが、それにしても、秋田の海岸林では「松林百年」という言葉で表現されているが、海岸に住む人々が海岸林が作られても、その育成保護に全く関心がなく「松林の中で牛馬を飼ったり」すると嘆かれた地域がある一方で、全員参加の保護組合が宮城では作られる。この違いはどうしてなのだろう。私は新たな「不思議」を引き受けてしまった。

二〇一〇年二月、このような内容での中学生向けの話は、中学生だけでなく、参加して下さった「ゆりりん」の大人の方達も熱心に聴いて下さった。最後に私は「あなた方のおじいさんや近所の老人の方に、きっと保護組合に参加した方がおられると思います。その方達の話をぜひ聞いてもらいたい。そして大人になった時には、その後を継いでもらいたい」としめくくった。

# 第六章　津波が来た

## ◆三・一一の大地震

平成二三年（二〇一一）三月十一日、午後二時四十六分、私はいつもの昼寝でベッドの上にいた。「ゆりりん」の中学生に津波の話をした一ヶ月後のことであった。

突然の大揺れ、私は仙台湾の海岸から十五キロ以上も離れた段丘の上のマンションの八階に住んでいた。その頃、仙台では時々地震があり、かなり地震慣れしていたつもりだったが、その日の地震は今までになく激しい揺れが続き、私はベッドの間の床に布団をかぶって、天井からコンクリートの瓦礫が落ちてこないようにと祈りながらうずくまっていた。

長い三分間だった。揺れが収まり、私は恐る恐る窓を開けて、川向こうの団地を眺めてみた。つぶれた家もなく、火の手が上がることもなく、いつもの眺めに安心したと同時に拍子抜けしたことをよく覚えている。しかし、電気、水道、エレベーターが止まり、それからの何日かは「石油コンロでイモ煮て豆煮て……」と暮らさなければならなかった。携帯ラジオから聞こえる情報で津波の襲来を知ったが、それが、どれほどのものか想像することができなかった。

三日目の夕方、電気がついた。テレビで見た津波の映像は想像をはるかに越えた、心が凍りつくようなものだった。

八十才近くの老人二人暮らしの我が家は、電気が来たものの、エレベーターは止まり、水が出ない中での暮らしはかなり厳しいものであった。幸い、同じ棟に住む生協仲間の息子さんが、友人と二人で水を運んだり、家中に散らばる本棚の本の整理を手伝ってくれたりしたのだが、仙台に移る前に暮らしていた沖縄県那覇市まで二次避難をすることにした。まだ雪がある頃、バスで仙台から山形、山形から鶴岡、そして列車で新潟。新潟で一泊、翌日、新幹線で東京、羽田、那覇に無事着けたのは次の日の夕方であった。

　この地震、東北地方太平洋沖地震は、マグニチュード九・〇のプレート境界型の地震で、震源は牡鹿半島の東南東百三十キロメートル付近で、さらにその日本海溝付近の広い範囲の海底で極めて大規模な地滑りが発生したことによって、宮城県南三陸町では十九・六メートルの大津波に襲われた。死者と行方不明者は二万一千人、さらに負傷者を加えると二万七千人という人的被害が発生した。

　宮城県内の浸水地域は、標高の低い仙台平野などでは、海岸から五キロメートル以上の範囲に及び、浸水面積は三百二十七平方キロで、これは県全体の面積の約五パーセント、津波被災十五市町村においては、その面積の約十六パーセントが浸水したという。宮城県は県の面積の約九パーセントが水田ということで、これと比較しても、いかに大きい割合で被害を受けたかということがよくわかる。

　名取川の河口の名取市閖上では、津波は貞山堀を越えて内陸まで来たことがなかった。震源が陸地からかなり離れていたため、地震から津波が来るまで一時間近くの間隔があった。一度、津波を用心して高台に避難したが、また家にもどって、地震の後片付けをした人もいたということである。

大橋さんは閖上の街の中に住んでいた。地震の直後、仙台に一人暮らしのお姉さんの様子を見に信彦さんは車で出かけ無事を確認して帰って来たとのことである。

その頃、名取市の防災無線は壊れていて、奥さんは隣の仙台市の防災無線が「津波が来ます。高台に逃げてください。」と言っているのを耳にしたという。仙台から帰って来た車で折り返し高台に逆戻り。幹線道路はきっと渋滞していることを予測して、名取川沿いの細い旧道を走って、無事に逃げられたとのことであった。

車で逃げたが、渋滞で津波に巻き込まれた人、渡線橋の上で何とか助かった人、中学校の階段教室の最上階で首まで水に浸かりながら助かった人、車で流されたが引き波で車が立木に引っかかり、なんとか助かった人、あの時はまわりにそういう話がいっぱいあった。

## ◆津波の予測

閖上の町を襲った津波の高さは、最大で八・四七メートル。地震から津波襲来まで一時間近くの間隔があったにも関わらず、名取市では死者と行方不明者を合わせて千人を越えた。テレビの放映によると、閖上に住んでいた人は「仙台湾の津波はたいしたことがない」、「津波は貞山堀を越えてはこない」と思い込んで避難が遅れ、津波に飲み込まれた人が多かったとのことである。

でも、この津波はあらかじめ予想することが全くできなかったのか？　「ゆりりん」の集会で聞いた「六メートルの津波」という予想はいかなることからの予測なのだろうか。

前にも述べたように、宮城県は地震の常襲地域にある。平成十九年（二〇〇七）、当時約四十年ほどの間隔で発生するとされていた宮城県沖地震と津波に備えた海岸線の強化が課題となり、県としては、閖上から北釜までの区間（東須賀海岸）を防潮堤を築かずに、自然に近い状態を保ちながら、松林によって津波の勢いを弱める方法を考えた。大学や専門家チームと検討の結果、当時の松林から海岸方向に十二メートルほどの幅で新たにマツを植え、そのマツが十五年ほど経過した後には、高さ六メートルほどの津波が来た場合でも、内陸への到達距離が短くなり、仙台空港には到達しないとの結論に達したという。

そして、平成二十一年（二〇〇九）からマツを植え始め、二万八千本を植え終えたのが平成二十三年（二〇一一）二月。しかし、三月十一日の巨大津波で空港にまで到達、植えたマツは全て流された。

三・一一の大津波の後、旧友の地質・古生物学研究者の竹内貞子さんから、一束の論文のコピーをいただいた。その中に、東北大学の情報誌「まなびの杜」に東北大学大学院理学研究科の箕浦幸治教授の「津波災害は繰り返す」と題したレポートがあった。日付は二〇〇一年夏号（ＮＯ一六）であった。三・一一の大津波のほぼ十年前のことである。

このレポートによると、貞観十一年（八六九）に仙台湾を襲い、溺死者が千人にも及んだと歴史書「三代実録」に記されている貞観の津波は、仙台平野の海岸に九メートルの高さの津波が七～八分間隔で繰り返し襲来したものであると推定できたという。

伊達政宗が仙台城を築いて以来、湿地をひたすら排水することによって、広大な耕地が開拓されてきた仙台の平野に、この貞観の津波が押し寄せていれば、耕地の下に津波が遡上した痕跡が残されているはずであると箕浦さんは考えた。

この期待を持って発掘を試みたところ、仙台平野には厚さ数センチの砂が三層、広く分布している事実が明らかになった。そしてこの砂は、津波によって運ばれたものであり、その砂の地層の含まれる木片の放射炭素年代測定から、過去三千年のうち八百年から千百年の間隔で三回津波が起こっていて、一番上の新しい層が貞観津波に相当するものであった。さらに同様の砂層が福島県の相馬市でも発見され、この津波が仙台平野を広く水浸しにしたのは事実のようであった。

この事実から考えると、貞観の津波から千百年の時を経て、近く仙台湾沖で巨大な津波が発生する可能性があるということであった。箕浦さんは最後に「海岸域の開発が急速に進みつゝある現在、津波災害への憂いを常に自覚しなくてはなりません。歴史上の事件と同様に津波の災害が繰り返すのです。」と書いている。そうだったのか。この情報誌「まなびの杜」に接することのできた人は、皆、近々大津波が来るであろうと予測していたのだ。「六メートルの津波」の予測もそこから来たものであろう。東北地方の太平洋沿岸にある二つの原子力発電所、宮城県の女川原子力発電所と福島の第一原子力発電所とで、女川はこの予測をもとに堤防を一メートル「かさ上げ」した。福島第一ではこの予測は信頼性が薄いと何もしなかった。その結果、福島第一では津波によって冷却水の電源が失われ、大惨事が引き起こされたが、女川では堤防ぎりぎりで津波を食い止めたとのことである。

この予測が「まなびの杜」に接することの出来る人の間で止まっていたことを、私は少し悲しく思っている。もし、この予測が閖上の多くの人にまで伝わっていたら、「津波は仙台平野には来ないもの」などと考えて逃げ遅れて亡くなった人を減らすことができたのではないだろうか。

## ◆津波のあとの海岸林

仙台平野の松林は三・一一の大津波のあとどんな様子になっているのだろう。

二〇一一年三月十一日午後四時八分、仙台湾の沿岸部の上空を飛んでいたヘリコプターがあった。空港から北釜海岸に向かう道路の上あたりに差し掛かった時、大津波が貞山堀を越え、仙台空港のそばまで達していた。その時、このヘリコプターから毎日新聞のカメラマンが撮影した写真がある。それは、その四ヶ月ほど前に私たちが北釜の松林を見るために歩いた道の真上を津波がかけ上がる写真で、その時私はそれを直視することができなかった。

二〇一一年九月二十五日、私たちは、やっと名取市北釜の海岸の松林に出かけた。この日は仙台空港で国際線が回復した、お祝いの日でもあった。空港までの電車はまだ全線が復旧しておらず、空港駅の一つ手前から代行のバスに乗った。

バスは貞山運河を越えて海岸の道を走った。ガレキはもう綺麗に片付けられていたが、そこは一面の湿地、海水がかなり溜まった場所もあった。柱と屋根だけの家が二、三眺められた。そしてあの美しい松林は、ところどころその存在を示すようなクロマツがポツポツと残っているのみ、まったく寂しい眺めだった。

空港でバスを降り、東に向かって北釜海岸への道をたどった。空港のまわりに植林されていたマツはほとんどなく、全て流されていた。貞山堀にかかる橋の橋桁はねじ曲がっていた。道路沿いの古い集落の家々も土台を残すのみ、地面にはまだ水も溜まっている場所もあった。少し行くと、下増田神社、その入り口にあった千仏堂も流され、そばの三本のマツも、もはや残っていなかった。しかし、その奥に少し小高い場所があり、高い松林に囲まれた二つの祠は残っていた。

祠を掃除している人がいて、その人の話によると「ここの場所は砂が堆積して小高くなっていて、マツは深い砂の下まで根を伸ばしている。津波はここで二つに別れて流れ込み、直接の水圧が弱かったので、マツが残ったのだろう。」と話していた。それでも祠は少し浮き上がり、土台から十五セン

残った下増田神社

チほどずれて動いてはいたが、壊れてはいなかった。

　さらに進むと海側に小高い砂の丘がある。かつて私たちは、その上で持参した「おにぎり」を食べて休んだ。その砂丘、ここには七十年生のクロマツが植林されてあったが、それがかなり残っていた。その下の海岸との間には三十年生の松林、これは全て陸側に向かって倒され、根が抜けているものもあり、枯れていた。あの時は砂丘と三十年生松林との間に住宅が何軒かあったが、全て流されていた。住んでいた人は無事だっただろうか。

丘の上に残ったマツ

倒れたマツ

　北釜の松林を見たあと、ほぼ一ヶ月後の二〇一一年十月二十三日。今度は南蒲生の松林を見に行った。今回はかつて自家用車で走った道をタクシーで連れて行ってもらった。

仙台東部道路の高架をくぐると、そこからは街並みが終わり、道は一直線に海岸に向かって広い水田地帯を走る。かつては一面に整備された水田が眺められたが、今回は雑草の生えた放棄された野原、所々に水が溜まっていた場所もあった。タクシーのドライバーの話によると、三・一一の直後はマスコミ関係の人を乗せて、よく被災地を回ったということである。

タクシーから眺めると、北側の七北田川の川べりにある住宅地は少し高台にあるのか、木立も見え、家並みがよく残っていた。しかし、海岸に向かう道路の左右には、一階は流され、かろうじて二階が残る家が所々に眺められた。

貞山堀の橋のたもとでタクシーに待ってもらい、歩いて海岸に向かって進む。堀の陸側にはかつて古い松林があったが、背の高い百年を越えたであろうクロマツはかなり残っており、その陸側の家々が一階は内部に水が入ったようだが、家自体は流されず、何軒かが残っていたのが印象的であった。

海岸に向かって進むと、かつてあった高いクロマツはわずか数本が残っているのみ、なおも進むと太い幹が倒れて横たわり、枝葉が赤茶色に枯れた松葉におおわれていた。幹の途中から折れたマツ、根がむき出しのマツ、皆、陸側に向かって倒れ、津波の激しさを物語っていた。

しかし、それらの根元に、よく見ると高さ三十センチ足らずの小さい細いマツが緑の葉を広げていた。そういえば、かつてこの辺りに古い太いマツが枯れて切り倒されたあとに、小さい松の苗が植えてあったのを思い出した。あのマツ苗が、まだ細くしなやかな幹であったためか、太いマツが倒れてその津波の勢いが少しそがれた場所にあったため、生き残っていたのであろう。

南蒲生の倒れたマツ

南蒲生の残ったマツ林

海水に洗われた塩分がまだ残っているであろう海岸の砂地に、もうセイタカアワダチソウが咲き、ノコンギクが紫色の花をつけていた。自然は津波の後、一年も経ないのに少しずつ

下増田臨空公園



回復し始めていた。

## ◆下増田臨空公園

二〇一一年秋、私達は名取市の北釜海岸を訪れた。その帰り、仙台空港のそばの貞山堀にかかる橋を渡り、津波に洗われた仙台平野をもう一度ふり返って眺めた時のことである。

少し北側の貞山堀の東岸に一群れの林があることに気がついた。家並みも木立も何もない真っ平らの中に、そこだけ林が残っていた。梢の枝の茂り具合から見て多分広葉樹の林ではないかと思ったが、木々は葉をほとんど落としているようでもあり、その時は行って確かめずに帰った。

翌二〇一二年の春、五月の連休も近づき、八重桜が咲き、仙台の定禅寺通りのケヤキ並木の新芽が出揃うころ、「あの林はどうなっているか」と気にかかり始めた。そして五月五日、子供の日、また空港線にのり北釜海岸に出かけた。

仙台空港には津波の到達高を示す青い表示板が三メートルほどの高さのところに取り付けられていて、当時が偲ばれた。空港駅を出て、貞山堀の橋を渡り、対岸の堤防の上を五百メートルほど北に向かって歩くと、その林はあった。

丁度そこは空港の東側、海上から着陸体制に入って進入してきた航空機の誘導路のすぐ海側に位置し、フェンスで囲われ、まわりに堀をめぐらし、一メートルほどの高さに土を盛り、その上に百五十本ほどの樹々が多分植栽された林であった。樹木の高さ十五～二十メートルほど、あとで道路地図で調べると、この場所は「下増田臨空公園」と記されていた。

フェンスの壊れているところをくぐり、中に入ってみると、これらの樹々はほとんどが広葉樹で一部クロマツも混じっていた。枯れたり、倒れたりしたものもあったが、このあたりで海面から五メートルほどの高さに押し寄せた津波に耐えて生き残り、芽吹いていた。

さらに一本一本詳しく調べて回ると、樹種名を記した立派なタグ、例えば「ケヤキ、樹齢十二年Ｓ６０・７運輸省東京航空局」がつけられているものがあった。昭和六十年は一九八五年だが、仙台空港は一九五七年に開港し、一九九六年に空港ターミナルビルがオープンしたとある。この間、この公園は整備され、植樹され、それから二十六年目に大津波に遭い、今年で二十七年経過したことを、このタグは示している。

林の中にタグのつけてあった樹種とタグのないが樹種の確認できたものの一覧表を作ってみた。数えられた樹木の六十％ほどがケヤキとオオシマザクラ、樹高は十五～二十メートル、そしてほとんどが緑色の新芽を芽吹いていた。

ケヤキは仙台の街路樹、戦後、焼け野原に作られた太い幹線道路の両側に植えられ、今では大きく育ち、仙台の街を彩っている。オオシマザクラは里桜で江戸時代にエドヒガンザクラと交配されて、ソメイヨシノが作られていた。クロマツ

臨空公園の樹種

| | 種名 | 科名 | 樹齢（年） | 状況 |
|---|---|---|---|---|
| 1 | ドイツトウヒ | マツ | 45 | 枯れ、一部倒れ |
| 2 | クロマツ | マツ | 43 | 一部枯れ |
| *3 | ベニカナメモチ | バラ | 35 | 生育、元気 |
| 4 | オオシマザクラ | バラ | 39 | 生育良好 |
| 5 | ニセアカシア | マメ | 32 | 親株枯れ、<br>地下茎から萌芽 |
| *6 | ヤブツバキ | ツバキ | 35 | 実生萌芽 |
| 7 | ケヤキ | ニレ | 39 | 生育良好 |
| *8 | トウネズミモチ | モクセイ | 33 | 生育、元気 |
| 9 | カシワ | ブナ | 34 | 新芽吹く |
| 10 | スダジイ | ブナ | 34 | 倒木、葉が巻く |
| 11 | オオバヤシャブシ | ジャバノキ | — | 生育、元気、<br>砂防し植栽用肥料木 |
| *12 | ヒサカキ | ツバキ | — | 生育元気 |
| *13 | イヌツゲ | モチノキ | — | 生育 |
| *14 | ヤツデ | ウコギ | — | 生育元気 |

* 常緑樹

も林の西側に広葉樹に守られるかのように数本残っていた。

この林は東西約二百メートル、南北約五十メートルと細長く作られていて、多分、上空から進入する航空機の、目安とされたものではないかと思った。また樹種については、仙台平野が北の落葉広葉樹林と南の常緑広葉樹の中間帯であることを考えて選ばれているように思われた。

植栽された林とはいえ、一メートルほどの盛り土のまわりに堀をめぐらした土地に植えられた、樹齢四十年ほどのケヤキやオオシマザクラが、高さ五メートルもの大津波に耐えて生き残ることができることを、この公園の林は教えてくれるのではなかろうか。これはこれから広葉樹をも含む海岸林を作っていく上で、大変参考になると思った。

## ◆クロマツの海岸林と大津波

三・一一の大津波が押し寄せた後、海岸のクロマツの海岸林はどうなったか。

大津波の直後、海岸林を研究する諸団体の主催する調査が行われ、東北各県の海岸林の技術者達もそれに参加した。その報告によれば、この調査の最大の問題は「根返り」。海岸林のクロマツが根こそぎ流されて、ガレキとなって人家を襲ったという事実である。

例えば、名取市の北釜海岸では、海面からの津波の高さは約八メートル。樹高八メートル以下のクロマツは幹が折れたり、倒されたりした。さらにそのうち何本かは押し倒された上に、根の大部分が地上に浮き上がった状態、いわゆる「根返り」をしており、そのなかには流木化して内陸部まで流されて、家屋にまで到達したものもあるという。

調査の結果、「根返り」したクロマツは「垂下根長」（真下に垂直に伸びている根の長さ）が平均して〇・八メートルしかなく、太い根が地表近くでとぐろを巻いていたという。「根返り」は海岸の砂浜や海岸と並行して走る貞山堀の堤防ではほとんど見られず、その陸側の後背湿地で多く見られた。このように地下水位が高い場所に植えられた、垂直に伸びている根が未発達なクロマツが、「根返り」

の原因であることが、この調査で明らかにされた。

北釜の海岸の、あの「おにぎり」を食べた高さ二メートルほどの砂丘の上のクロマツは多分、根が砂丘の下まで真っ直ぐに伸びていたのであろう。その上、樹齢七十年を越えるクロマツの梢が、毎日新聞の写真によると、八メートルの津波の上に出ていた。流されずに生き残ったクロマツはこういう条件の下で生育したクロマツであった。

国においては海岸林を担当している林野庁が「東日本大震災に係わる海岸防災林の再生に関する検討会」を二〇一一年五月に立ち上げた。一年間にかけて検討の結果、いかに「根返り」しにくい林帯をつくっていくかがポイントとして指摘され、以下のような機能強化をはかっていくこととなった。

海岸防災林としては「地下水の高さから二〜三メートル程度の地盤高を確保する盛り土（生育基盤盛土）を行なった上で、クロマツなど根が地下深くまで伸びる樹種（深根性樹種）を植栽し、樹木本来の根の伸長を促し、海岸防災林の林帯幅は二百メートル以上が望ましい。」

そして宮城県では二〇一一年十月に作成された「宮城県震災復興計画」においても、「防潮堤の背後に海岸防災林や、盛土を行なった道路を設けるなど、多重防御による大津波対策を推進する」と位置づけされた。

# 第七章　津波のあと―海岸林の復活

## ◆海岸林の復活

### （一）波打際の大防潮堤

大地震や津波の後始末が少しずつはじまったころ、二〇一一年三月十一日の大津波によって流された仙台湾の海岸林をどうするか？　が問題となってきた。しかし、それよりも前に始まったのが、海岸の波打ち際で作られはじまった高さ（海抜）七・二メートルのコンクリートの大防潮堤。仙台湾の北端から南端まで、あっという間に作り上げられた。

仙台平野の海岸線は、およそ五千年前（縄文時代中期）から、毎年少しづつ、海側に向かって拡大して行って作られてきた。五千年もの間、たび重なる洪水だ

大防潮堤

けではなく、大きい津波もなんども襲来してきた。その度に海岸は撹乱されてきた場所である。「破壊されてはよみがえる」といった歴史をへて複雑に入り組んだ独特の景観が生み出されたといえる場所である。

その自然の複雑さを考えることなく、あっという間にコンクリートの大防潮堤が作られた。人の住まない小島の海岸にまで作られたという。大津波の撹乱をかいくぐり、少しずつ復活してきた海辺の自然を全く顧みることなく、あまりにも広大で、急激、そして徹底した土木工事であった。

コンクリートの高さ七・二メートルの防潮堤、もちろん七・二メートル以下の津波を防ぐことは出来るだろう。

しかし、この頃、どこの海岸でも砂浜が短くなる。砂が減って海が広がっている。それは戦後、砂防ダムが造られ、川が運ぶ砂の量が減ってきたからである。さらに、里山の木が切られなくなり、里山が樹木で覆われ、裸地から川に運ばれる砂の量が減ったために、砂浜が短くなってきた。砂浜が短くなれば、波打ち際に作られた防潮堤はどうなるだろう。

さらに、コンクリートは作られて五十年を経過すれば、劣化が起こるという。戦後作られたコンクリート製の橋や堤防の状態を考えれば、よく解ることである。海岸に住む人々にとって、コンクリートで作られた防潮堤は確かに心強いものではあるが、考えなければならない事もある存在なのだ。

## （二）クロマツをもう一度植えよう

津波で流されたクロマツの海岸林に、もう一度クロマツを植えよう！　そのためには、まずクロマツの苗を準備しなければならない。

宮城県では被害にあった海岸林千二百ヘクタールに新たにマツを植える必要が

あり、そのためには六百万本の苗木が必要とされてきた。

　クロマツの苗をどうするか……その時見つかった「小さなクロマツ」たち、宮城県の関係部署、宮城県、宮城県種苗農業協同組合、宮城県緑化推進委員会では、奇跡的に見つかった、この小さいクロマツを大切に育てるため、共同で「海岸マツの子育て事業」に取り組んだ。震災で仕事を失った人々、約三十人の協力のもと、二〇一二年一月、冷たい風に吹かれながら、弱った根を傷つけないように注意しながら、二十万本の「小さいクロマツ」を掘り起こし、蔵王町にある種苗組合の苗畑に移された苗はその後、大切に育てられ、そのうち約六万本が元気に成長した。そして、二〇一四年から沿岸部に植えつけられた。

　また、クロマツの苗が足りないことが、全国各地に知らされ、東北地方の海岸の復活を応援しようと考えていた人々から、様々な応援を受けることとなる。まず鳥取県から、県内の子どもたちが、東北の被災三県から採集されたコナラ、クリ、ミズナラなどの広葉樹の種を育て、元気に育った苗を携えて、二〇一三年十一月、宮城県を訪れ、仙台市荒浜《あらはま》の植栽地に地元の子供達と一緒に植えた。

仙台市荒浜の植栽地

二〇一五年十一月には石川県からも同県が独自に開発した松食い虫に抵抗性のあるクロマツの苗が贈られた。これら贈られた苗や、その他民間団体関係で育てられた苗を植えて育てるため、二〇一三年春、仙台市荒浜の国有林に植栽地が作られ、十四の民間団体による植樹が行われている。

二〇一三年五月、山形県庄内地方から「万里の松原に親しむ会」の会員がクロマツの苗と地元で親しまれている大山桜の苗を一緒に植栽した。「万里の会」は戦争前後に荒廃し、飛砂の被害を受けた状況を、幅広い松林を復活することで切り抜けた経験から、マツ林の保全のための活動を続けている団体で、当時修学旅行で松島を訪れた小学生たちが、日程を一日延ばして仙台市荒浜まで足を伸ばし「万里の松」を手入れしたこともあった。また、荒浜の植栽地で十年間は手入れをしようと決めて、応援を続けている。

## (三) ゆりりん愛護会

毎年、閖上の海岸で活動を続けてきた「ゆりりん」は、震災で活動拠点となった海岸林を失った。残念なことに、大人の会員数人が津波で亡くなり、また自宅を失い、生活の再建に苦労する会員が多くいた。しかし、無残な姿となったクロマツの海岸林をみて、被害の後始末に大忙しの中、海岸林再生のための手だてを考え始めていた。まず手始めに、仙台市荒浜の植栽地への植樹、そして、小さいマツ苗への水やり、草取り、など生長を見守った。

津波で海岸林が被害を受ける前、著名なキノコ学者である小川真《まこと》さんが、時々、仙台に来られ、名取の海岸林でのクロマツを観察する会を持たれた。小川さんはクロマツが養分の乏しい砂浜で生活できるのは、クロマツの根にキノコが共生しているからだということを初めて明らかにした方である。私達も大橋さん

ゆりりんの苗畑

の呼びかけで、それに参加した。夜は仙台市内のラーメン屋でビールとラーメンで歓談、海岸林に関心のある人や、キノコ愛好家、その他色々の人が集まり、誰でも参加できる一夜を楽しんだ。

小川真さんは残念なことに二〇二一年にお亡くなりになったが、ラーメン屋の隅の席に座ってビール片手にゆったりとニコニコ笑っておられた小川さんの姿を今でもよく覚えている。

津波の後、大橋さんは、いろいろ助言してもらった小川さんとも相談の上、津波から生き残ったクロマツのマツボックリを集め、京都の育苗施設に送り、種子に菌根菌であるショウロの胞子をつけて苗を作り、二〇一三年四月、小さい松苗約三千本が閖上に里帰りして、少し内陸の土地を借りて育て始めた。「ゆりりん愛護会」の会員が草を取り、水を与えて世話をした結果、三千本の松苗は見事に生長し、海岸に植えられるばかりになった。

## ◆クロマツはよそもの

### （一）宮脇昭《みやわきあきら》さんのプログラム

宮脇昭さんは一九二八年生まれ。戦後の日本の代表的な植物生態学者の一人である。私の本棚にも、この方の『植物と人間、生物社会のバランス』という著書がある。その宮脇さんが、津波に襲われた年、二〇一一年の秋に、「いのちを守る森の防波堤」というプログラムを提案された。

翌年の春行われた講演会でこう述べられている。

「ガレキと土を混ぜ、木を植えるためのマウンドを築く。……そこに皆さんの力でドングリから育てた小さい苗を植えてもらいたい。本物の森を作るためには、樹種の選択が大事だ。今までは白砂青松と言って、マツだけを植えてきた、マツは根こそぎ流されて津波の被害を大きくした。根が浅かったからだ。マツが倒れた跡には、その土地本来の木を植えるべきだ。例えば常緑広葉樹の低木のマサキ、サカキ、ヒサカキなどがある。

宮城県南三陸町や大船渡市では沿岸の樹木は全て流されたが、常緑高木のタブノキが残った場所がある。

タブノキは日本文化の原点と言われるほどで、立派な森になる。樹は根で生きている。つっかえ棒をしなければいけない木はヨソモノだ。しっかり根を張る樹木を選ぶ。タブノキを中心として、それを支える低木と混植、密植して森を作る……」。

この提案を受けて、三月には宮城県議会に「森の防波堤議員連盟」が発足。全議員が参加し、四月には当時の野田首相も賛同し、村井知事も推進することを表明した。七月には県議会で賛同の決議が通過、補正予算が計上された。

しかし、ガレキで防潮堤を作るということは法律上禁止されており、「この法律を緩和するには時間がかかる」ということで、この決議は事実上撤回された。

## (二) タブノキとは!

そのころ、仙台の海岸林愛好家グループに参加している多くのメンバーはタブノキを知らなかった。実は大学で植物を専攻し、在学中は仙台市内や近郊を採集して回った私もタブノキを見たことがなかった。

タブノキはクスノキ科の常緑高木で、本州北部から琉球列島、朝鮮半島南部や中国、台湾まで広く分布している常緑広葉樹林の主要な構成種である。

南北に長い日本列島は、北と南では気候が異なるため、そこに生活する植物、特に森林に目を向ければ、南の常緑広葉樹林帯と北の落葉広葉樹林帯に分けられる。その境界は、平野で言えば、太平洋側は宮城県、日本海側は山形と秋田の県境付近にある。

仙台平野はちょうどこの境界付近で、両者が入り混じって、かなり複雑な植生が分布しているのだが、海からかなり離れた段丘の上の仙台市では、落葉広葉樹の二次林が広がっていて、タブノキはもう存在しなかった。

　タブノキについて、いろいろ調べてみると、タブノキは同じ常緑樹のカシ類に比べると寒さに強くないために、本州、九州の沿岸部に多く内陸には分布しない。葉は分厚く表面にワックスがかかって、テカテカと光っていて、このワックスが塩分の侵入を防いでいて、塩分に強い樹種でもある。しかし、乾燥に弱く、土壌水分が十分である場所でないと育ちが悪い。そのため、雨の少ない瀬戸内海地方はタブノキが少ない。寒さと乾燥に弱く、塩分に強いタブノキの得意な場所は、したがって、外洋に面した湿潤な海辺の暖地ということになる。

　私が実際にタブノキに出会ったのは、秋田で暮らすようになってからである。

　日本海沿岸の山形と秋田の県境付近には、日本海を北上する対馬暖流が沿岸まで近寄るため、比較的温暖で、山形県酒田市の北西三十九キロの日本海上の小島の飛島の東岸には立派なタブノキの林があることが知られており、また、県境付近の沿岸にも所々、タブノキの林があり、沿岸を走る羽越本線の車窓からも眺められる。しかし、秋田県に入ると象潟の付近で暖流が沿岸から離れ、それ以北にタブノキの林は存在しなくなる。

仙台湾の沿岸ではどうだろう。仙台に来てから私は、しばしば沿岸のクロマツ林に出掛けたが、陸側の混交林でもタブノキとその実生にも出会ったことがなかった。前に示した平吹さんの論文でも老齢のマツ林にはシロダモ、イヌツゲ、ヒサカキなどの常緑広葉樹は侵入が見られたが、タブノキについては記載されていない。

仙台平野は秋田、山形県境よりも南にある。太平洋からの南風が入り、温度の上から見れば、常緑広葉樹林が十分成立する地域である。しかし、タブノキが存在しないのは、乾燥の問題があるのではないかと私は考えた。秋から春にかけて仙台では毎日天気が良く、乾燥した日が続き、夜、特に明け方は放射冷却のため寒く、道路の水たまりが凍る日が続く。一方、日本海沿岸の秋田では、その期間、毎日雨か雪。湿度が高く、夜も特に寒いわけではない。この違いはどうして生じるのか？　冬型の気圧配置が続き、強い北西風が暖かい日本海の上空を渡って秋田の沿岸に吹き付けるが、その途中で水蒸気をいっぱい含んでくる。冬に海岸に立って日本海を眺めると、緑色に泡立つ海水の上に湯気が立ち上っているのにびっくりしたことがある。この水蒸気を含んだ北西風は奥羽山脈に当たって上昇し、大量の雪を降らせるわけである。

水蒸気を雪にして振りはらった北西風は山脈を駆け下り、ややフェーン気味の乾いた風となり仙台平野を吹き抜ける。冬の湿潤な秋田と乾燥した仙台の気候の違いはこのような原因によるものである。

タブノキは乾燥が苦手である。日本海沿岸では、山形と秋田の県境までタブノキ林が分布しているのに対して、太平洋岸の仙台平野には分布しない原因はこの冬期の乾燥にあるのではないかと私は考えている。

なお、タブノキなどの常緑広葉樹については、二〇一一年七月、宮城県によって仙台市若林区の沿岸地域に植栽され、その生育の経過が二〇一五年まで毎年調べられたが、それによれば、タブノキは地面にワラを敷き詰めて育てたが、冬を経過した翌年にはほとんどが褐変していたという。二度目の冬を経過した後には、根元から新しい芽が伸びた萌芽枝も見られたが、枯れてしまったものも多かったという。このような観察の結果、仙台湾沿岸では、タブノキのような常緑広葉樹で森を作るのは相当困難だとの結論に達したという。

### （三）南三陸のタブノキ

しかし宮脇さんの講演の中で「宮城県の南三陸町や岩手の大船渡市では沿岸の樹木は全て流されたが、常緑高木のタブノキが残った場所がある。」というくだりがあった。南三陸町といえば、仙台平野のずっと北、北上山地の南端、いわゆるリアス式海岸の南の入り口、そこにタブノキの林があって、この度の大津波でも流されなかったということである。私はまだ、そのタブノキの林を見たことがなかった。

実際に見に出かけたのは二〇一七年の秋、場所は南三陸町より少し北の岩手県境に近い気仙沼市唐桑《からくわ》半島（16ページ参照）先端の御崎《おさき》神社の境内のタブノキの林。前日に気仙沼で一泊し、翌日、御崎神社行きのバスに乗り約一時間半の旅であった。

　バスから眺められた唐桑半島の植生は、アカマツ、杉林、竹林そして畑。アカマツはかなり枯れていた。ヤブツバキも所々に眺められた。

　唐桑半島の先端の少し高台にある御崎神社、想像していたよりも立派な大きい神社で、石段を登って境内に入ると、広い境内を取り囲む背の高い常緑広葉樹林の林、タブノキの林であった。林に入ってみると、幹の太さは胸高直径が七十センチほど、樹高は三十メートル近くのタブノキが林立し、林の中は暗く、タブノキの実が落ちて、紫色に地面を染めていた。

御崎神社のタブノキ林

　しかし、タブノキの林があるのは、神社のある一角だけ、その外側にはあまり広がっていないようであった。帰りのバスを待っていると、神社の宮司さんに出会い、思いがけなくパンフレットをいただき、色々なことを聞くことができた。
それによると、この神社は平安時代に宮崎県、南那珂郡、南郷町外浦に鎮座する御崎神社から勧請されたものとある。唐桑半島西岸の津本に上陸し、鎌倉時代にこの地に遷座したものという。鎌倉時代といえば十三世紀、八百年も前のことである。その後も何度も宮崎から人が来たであろう。その人達が故郷のタブノキの種子を持参し、神社のまわりに植えたのであろうと考えれば、このタブノキの大木群の存在も理解できる。

なお、御崎は冬、雪は降るもののすぐに融け、暖かい場所だとも言っておられた。

仙台湾からかなり北に点在するこの南三陸のタブノキは、北上する暖流に乗ってやってきた人々の手によって運ばれて来たものであると考えて、私は納得した。

タブノキに足や翼はない。いずれ潮流とか鳥とか人とかの何らかの力を借りて、北国の南三陸の海岸まで運ばれて来たのだろう。南三陸沿岸の所々にある温暖な気候の小さい島とか岬の先端とかに定着したタブノキはそこで根を伸ばし、林をつくり、津波にもめげず何年も生き延びて来たのだろう。そういう意味から言えば、タブノキもまた「ヨソモノ」である。

クロマツは三百年以上も前に、西南暖地から種子と取り寄せ育てられた樹種である。そして、人の力を借りながら海岸林をつくり、潮風や「やませ」の北東風から内陸の作物を守って来た。クロマツを「ヨソモノ」と言われても、東北地方の海岸に住む人々にとってはそれは納得できない言葉だ。

ヨソからやって来て、海岸に根を下ろし、そこに住む人々を潮風や冷たい「ヤマセ」から守ってくれた樹々は、クロマツでもタブノキでも大事な大切な仲間なのではなかろうか。

### (四)「千年希望の丘」

三・一一の大津波の翌年、宮脇さんは「森の防潮堤」計画を提案したが、残念ながら採用されなかった。

しかし、宮城県の岩沼市では「千年後の子供たちに残る歴史的なプロジェクト」として、クロマツの防潮林があった海岸線一帯にガレキを活用した丘を築き、植樹して津波の威力を減衰分散させるとともに、避難場所や生物多様性の拠

千年希望の丘　第1号

点として「千年希望の丘」を整備することを決めた。この丘の高さは十～十五メートル程度の円錐形で、海岸に十五基ほど築き、丘の斜面には常緑広葉樹のタブノキ、スダジイ、シラカシなどと、落葉広葉樹のサクラを植樹するという計画である。二〇一三年春、東京からバスで来た千人以上ものボランティアによって、この丘に常緑、落葉広葉樹の苗が植えつけられた。

　また、同年七月、波打ち際に作られた防潮堤に陸側の法面の盛り土部分に広葉樹を植える植樹祭が国などの主催で行われた。「森の防潮堤」の考え方を採用した国としての初めての取り組みであった。この取り組みは二〇一三年三月に復旧工事を終えた、延長約五キロの海岸の防潮堤のうち、約百メートルの部分、震災に伴って出た工事の残土やコンクリートのガレキも一部活用し、最大で厚さ二・六メートルの盛り土の法面に築いたものである。当日は全国から七百人のボランティアが参加し、太田国土交通相や宮脇昭さんも参加、カシ、シイ、タブノキの苗、七千本が植えられた。

しかし秋、九月中旬に台風十八号が通過した際、樹木に海水がかかり、その大部分が枯死した。

なお、当初はクロマツが植えられなかった岩沼の「希望の丘」では、地元の要請で、現在は海岸から「希望の丘」までの空き地にクロマツの苗が植えつけられている。

## ◆オイスカとコンテナ苗

海岸林には多くの場合、防潮、防風、防飛砂を目的とした保安林に指定されている。そして、この保安林を植えたり、保全したりすることは保安林がある場所の自治体によって厳しく管理されている。

　また、海岸林の土地は、多くの場合、県、市町村、および個人によって所有されており、土地所有者と協定が結ばれない限り、その土地での具体的な植栽計画は立てられない。

　仙台湾の名取市は、これら色々の問題を解決するために時間がかかり、しばらく海岸林再生の計画が立てられなかった。しかし、二〇一四年春、宮城県、名取市、名取海岸林再生の会、それにオイスカの四者で「海岸林再生に関する協定」を結び、具体的に動きだした。

　オイスカとは「すべての人々が様々な違いを乗り越えて共存し、地球上のあらゆる生命の基礎を守り育てようとする世界」を目指して、一九六一年に創立され、現在三十四の国と地域に組織を持つ国際協力NGOである。公益財団法人オイスカとはその基本理念を具体的な活動によって推進する機関として生まれ、主にアジア太平洋地域で農村開発や環境保全活動を展開している。

　名取市は海岸の土地所有者の国、県、名取市と協定を結び、苗木生産のための十億円に及ぶ資金も、一般の寄付金と企業などからの援助で調達している。

「再生の会」は災害地の農業従事者を中心に組織され、メンバーは二〇一四年の時点で二十五人。宮城県農林種苗農業協同組合に加盟し、クロマツの苗木生産に取り組み、二〇一三年春以降、海岸に植栽する苗を生産している。二〇二〇年以降も必要とされる下刈りなどの管理作業をになっていきたいとのことであった。

さらに、この畑では、一九九二年から宮城県林業技術センターで取り組んできたマツノザイセンチュウへの抵抗性の強いクロマツ「抵抗性クロマツ」の種子がコンテナ苗で育てられ、名取市の海岸には、マツノザイセンチュウ抵抗性のみが植えられるという計画であった。

ゆりりんの苗（右）とコンテナ苗（左）

コンテナ苗とは、一九八〇年代にカナダ、アメリカ、それに北欧で使われ、二〇〇〇年代には、日本でも林業用苗木の生産に使用されるようになったものである。直径九―十二センチ、深さ十五センチの容器が四個六列で二十四個連結した

「マルチキャビティコンテナ」で育てられた苗で、根は容器に沿って下方に向かうように誘導されて健全に育つように工夫されていて、苗の成長が早く、単価も安く、植栽地への移植も効率が良いため、多く使われるようになったものである。

　こう書き出してみると、そこには何の問題もないように見える。しかし、前にも書いた「ゆりりん愛護会」が育てたクロマツの苗、三千本の苗が見事に成長し、海岸に植栽されるばかりとなっていた。その苗が名取市閖上の海岸への植栽が拒否されたのである。理由は「抵抗性マツ」ではないということであった。

　「抵抗性マツ」について、いろいろ資料を調べてみると、樹木の育種は、草本である作物の育種と比べてみると、いろいろ困難なことが多く、流通しているマツノザイセンチュウに対する抵抗性のクロマツの抵抗性についてもばらつきがあり、「枯れないマツ」ではなく「枯れにくいマツ」で、抵抗性マツ苗の植栽地でも適度な薬剤散布が必要であるとあった。

　また、マツノザイセンチュウ病が急激に広がった原因の一つに、海岸林に植えられたクロマツが同じ遺伝子を持つクロマツであったこともあるのではないかと考えている。植えられたクロマツの遺伝子が様々な変異を持つものであれば、マツノザイセンチュウ病による被害もこれほど激しく、しかも簡単に広がるものにはならなかったのではなかろうか。

こう考えれば「抵抗性マツ」ではないという理由は、民間で育てたマツ苗を拒否する理由にはならないのではなかろうか。

「ゆりりん愛護会」のマツ苗、二〇一七年の秋大きく育った、およそ三千本のマツ苗は、宮城県森林整備課の配慮で、仙台市の荒浜と岩沼市寺島の海岸に移植された。また一部のマツ苗はその四月に開校した「閖上小中一貫教育校」の敷地内に、残りの松は来春オープンの「潮風トレイルセンター」の一角と、その頃、開館する「閖上公民館」の敷地内にそれぞれ移植されるという。また昔、宮城の名取から人々が移り住んだという愛媛県西宇和郡伊方町名取地区にも十本のマツ苗が運ばれ植えられた。

## ◆おらほの山、仙台市新浜《しんはま》の場合

### (一) 新浜とは

仙台平野の北側を流れる七北田川の南側に「新浜」という集落がある。太平洋岸から距離にして一・三キロほど内陸の浜堤《ひんてい》の上のこの集落は、江戸時代から続く集落で、七北田川南岸の岡田村の集落の端郷として成立した。

三・一一の大津波に、この集落も襲われた。その時の浸水高は、ほぼ四メートル、ただしこの高さは標高〇メートルからの高さで、浜堤の高さ、ほぼ二メートルを差し引くと、実際は二メートルほどだったようだ。この津波で、新浜では約六十人が犠牲になった、津波の後、仙台市は仙台平野沿岸部の県道塩釜亘理線より海側の住宅地を全て高台に移転するという方針を立てたが、新浜町内会は現地再建を陳情し、さらに県道が少し東側に曲がり新浜の集落の海側を通ることから、仙台市はその要望を受ける形で、七北田川南岸の岡田と新浜は、そのまま存続することとなった。町内会の事前のアンケート調査では、六十五パーセントの住民が「住み続けたい」と回答していた。

## （二）新浜の歴史

私が新浜のことを知ったのは、二〇一七年の春、仙台市と博物館と宮城野区民センターの共催の「宮城野区沿岸部における海岸林の歴史と文化」という講演会に参加し、そこで聞いた「海岸林の育成と里山の暮らし」というテーマで、東北学院大学教授の菊池慶子さんの講演を聞いたからである。菊池さんは、日本近世史、特に海岸林について研究している歴史学者で、この講演は、この新浜が歴史的にどのようにして作られたか、また海岸林とどのように関わってきたかという内容で、二〇一六年に東北学院大学と新浜町内会との協同で行われた「新浜の自然と歴史の学習会」のための調査をもとにして行われたとのことであった。

それによれば、十七世紀の始め頃、伊達政宗によって開かれた仙台藩の領内の平野は「野谷地《のやち》（田谷地《たやち》）」と呼ばれた低湿地帯が多くを占めていた。藩みずからこの野谷地の開拓を進める一方、家臣団は知行《ちぎょう》割りに際して、年貢徴収が可能な田畑、本地を加えて野谷地を割り渡し、新田開発を促す政策をとったという。開発の途上、慶長十六年（一六一一）には慶長奥羽地震が発生、海岸から十〜二十キロほどの内陸で海水に浸されるという悪条件の中、海岸部に切り開かれた新田は、常習的な潮害への対策も加えて、十七世紀半ばからクロマツの植林に取り組まれてきた。この新田開発は藩の直轄事業として勧められたが、この地の野谷地を知行のうちに加えられた藩士とその家臣、および彼らに率いられた地元の村民たちによって活発に取り組まれ、クロマツ植林についても彼らの関与があったという。

　野谷地にあった七北田川南岸の岡田村の生産高は、十七世紀中頃には九百八十六石あまり（正保郷帳による）であったのに対し、十八世紀中頃には二千二十石余り（風土記御田書による）に増加した。この開発の成果は主として、海岸林の造成によってもたらされたものであると考えられている。

　岡田村新浜の海岸林は、このように地元の村民によって植えられ、守られてきた海岸林で、さらに魚付林《うおつきりん》としても守られ、その記録が残されているという。さらに興味深かったのは、明和八年（一七一一）と寛政元年（一七八九）、干ばつの被害や飢饉で疲弊した集落を救うために。海岸林のクロマツを伐採することを藩に願い出て認められ、その代金を村内で分配し、食料など生活費にあてて村の存続に繋げたと伝わっている。この例は「御救山《おすくいやま》」と呼ばれ、全国にその例があったとのことである。

さらに新浜の集落では、数名のリーダー的存在が統率するのではなく、住民が対等に寄り合い、一致点を見出して集落を運営する伝統があり、村民が協力して松林を管理する伝統も受け継がれて現在に至っているとのことであった。

十七世紀の始め頃、仙台平野とその奥に広がる丘陵地帯に城を構えた伊達藩は、多くの家臣を抱えており、その家臣を支えるために「地方知行制《じかたちぎょうせい》」という制度を採用した。知行地《ちぎょうち》とは家臣の禄高に応じて与えられる土地のことで、家臣は仙台の屋敷の他に、減らされて少なくなった禄高で家族を養うため、屋敷内に住み田や畑を作ることのできる知行地が認められた。要するに伊達藩の中に小さい藩が沢山あるという状態だった。特に仙台平野の野谷地のような地域では、知行割りの中にこの野谷地が加えられていたことは前にも述べた通りである。

野谷地を加えて与えられた藩士とその家臣たち、および彼らに率いられた地元の農民たちは、この野谷地の開発に活発にとり組んだという。特にクロマツの植林は、この仙台湾の沿岸部を潮風や高潮から守るために重要なものであった。十七世紀から十八世紀にかけてのこの地方の生産高の増加は、こうしてもたらされたものである。

仙台藩のこの「地方知行制」は十七世紀初頭から明治維新によって藩が消滅するまで続けられた。

仙台平野に住む人々の「自分達で耕してきた土地は、自分達でどうするかを決めて守りたい。」という気風は、こうして歴史的に形づくられて来たに違いない。仙台湾の沿岸各地に海岸林保護組合が作られ、その連合会まで作られたという事も、また、新浜が集落の意志として現在地に残ることを決めた事も、こう考えると充分に納得することの出来ることであった。

## (三) おらほの山

「新浜」とは、いったいどんなところなのだろう。講演会で知り合った新浜に住んでおられる瀬戸勲さんにお願いして、新浜に出かけたのは、その年の五月であった。

私が今住んでいるのは仙台市の西部の泉区、そこから太平洋岸の東端の新浜まではかなりの距離がある。まず、朝早く地下鉄南北線で仙台駅まで行き、そこから出来たばかりの地下鉄東西線に乗り換え、終点の新井駅で降りる。ピカピカの新井駅には人気がなく、食べ物を売っている店もない。バスを待つ間、万一のことを思って買って来たサンドイッチを駅のベンチで食べ、岡田、新浜行きのバスに乗った。バスは新井駅の北側をぐるりと回り、仙台東部道路を越えて岡田の集落に入った。三・一一の大津波は、この東部道路まで来たのだが、その少し海側にある岡田の集落は、七北田川の自然堤防の上に営まれており、標高が高かったのであろう、津波の大きな被害を免れたようだった。

バスは古い家並みの中を東へ下り、やがて左折して新浜の集落に到着した。瀬戸さんのお宅は集落の近く、バス停には瀬戸さんが待っていてくれた。
三・一一の大津波は、お宅の一階まで来たという。二階に上がって津波をしのぎ、家は無事で、今は一階を修理して住んでおられるとのこと。立派な日本家屋で、代々農業を営む瀬戸さんのお宅は、母屋に作業場や農業機械の倉庫が続き、大きい犬がつながれて尻尾を振っていた。瀬戸さんは、現在、水田と畑を耕作する傍ら、猟犬を飼い、狩猟や七北田川でモズクガニ、カワエビ、うなぎとりなども楽しんでおられるという。新浜集落の取りまとめ役としても活躍しておられる方であった。

リビングでお茶をいただきながら、いろいろとお話を聞いた。久しぶりの仙台弁、私は仙台生まれの仙台育ち、小学校までは家でも学校でも仙台弁で暮らしていたので、懐かしかった。

瀬戸さんによると、新浜の海岸林を地元の人は「おらほの山」と言ったそうだ。「本当の山ははるかかなたにある。でもおらほの山は、東のすぐそばの海岸林のこと。おかしいべ」と言う。

おらほの山の松の落ち葉は、大切な燃料で、落ち葉拾いは、一年に一度、秋十一月、稲刈りの後、集落総出で行なう行事であった。松林に区画を決めて、七十八軒の家毎にくじ引きで場所を決める。不公平がないように、毎年その場所はくじで決めるのだ。そして、ヨーイドンで一斉に出掛け、終わりの時間までに集めた松葉を家に持ち帰る。松葉拾いの時には、ショウロ、キンタケ、ギンタケなどのキノコが取れ、これをご飯に炊き込んで食べる。それはお祭りのようでもあり、楽しい一日だったとのことである。

あの海岸林の中の「火の用心」の立て札とポリタンクの水の用意は、集落の子供達の通う岡田小学校の四年生が、防災の授業の一環として年中行事で毎年行われてきたのである。

「津波のあと、ガレキの中から一本の「火の用心」の立て札が見つかって、名前も書いてあり、持ち帰って、その子のおじいちゃんにあげたところ、すごく喜ばれたのっしゃ。」

三・一一の大津波の前、初めて仙台湾のクロマツの海岸林に行ってみたのは、二〇〇八年、新浜を訪れたのは二〇一七年だから、十年近く前のことだった。あの時、仙台湾のクロマツの林で感じ、それまで胸の奥にしまわれていた疑問が、明らかにされた一瞬だった。「そうだったのか」私は満足の思いで満たされた。

お茶のあと、車で「おらほの山」に連れて行ってもらった。新浜の集落から海岸林に行くためには貞山堀を越えなければならないが、ここにあった橋は流され、今はずっと南側のコンクリートの橋を渡る。海岸には作られたばかりの七・二メートルの高さの防潮堤がたち巡らされて、海は見えない。貞山堀と防潮堤の間、津波が来る前は海岸林があった砂地に土盛りされて、小さい松苗が植え付けられてあった。周りに防風柵がめぐらされてあったが、所々枯れかけていた。

新浜の集落のちょうど東側に二つの石碑があった。

一つは明治三年（一八七〇）建立の「八大龍王碑」。これは海上安全を祈願する石碑で、地引網主の名が刻まれており、海岸林が海の恵みをもたらすものとして作られたのであろう。津波のあと倒れていた碑を立て直し、台座をセメントでしっかりと固定し、そばに新しいクロマツの若木が一本植えてあった。仙台湾の

新浜の二つの石碑

砂浜が連なる海岸は、イワシ、ヒラメ、カレイなどが獲れ、私はそれらを食べて育ったのだ。

昭和二十八年（一九五三）建立の「愛林碑」はこの地で海岸砂防林を育てた経緯と、その砂防林が今、新浜の耕地を守っていることを、受け継ぐ人々に伝えるために建立したという旨の碑文があり、裏面には関係者と集落の戸主全員の名前が記されてあった。

「おらほの山」からの帰り、集落の中心近くに、「新浜みんなの家」があった。「みんなの家」は二十坪ほどの木造の日本住宅、小さい一軒家だった。この家は日本を代表する建築家の伊藤豊雄さんが「もっとみんなで集まる暖かい家を」と考えて熊本県産のスギやヒノキをふんだんに使って造り上げたものだった。熊本産のイグサを用いた畳敷きの小上がりとか、薪ストーブとかもあり、集落の寄り合いや趣味の集まりとかにも使われているという。

大和田雅人さんの著した「貞山堀に風そよぐ」の中に、この集会所の写真がある。大きな木造りのテーブルの周りに集まった人達、男の人、女の人、老人、若い人も二十人ほど、肩と肩が触れ合うほどきっちりと椅子に座って、お茶とお菓子を前に何やらオシャベリを楽しんでいるようだ。集団移転でこの地を離れた人も、残った人も、農作業の帰りにそばを通った人も、みんな飛び入りして、おしゃべりを楽しんでいる様子を撮した一枚の写真、あゝこれが新浜の原動力！私も何となく暖かな気分となった。

## (四) 海岸の残存林

貞山堀の海側から西南の方を眺めると、津波に流されなかった松林が海側に一部、さらに陸側にかなり広く残っているのが見えた。そこに連れて行ってもらうことにした。

樹齢七十～百年ほどの背の高いクロマツが、まだかなり残されており、所々アカマツも混じっていた。マツが倒れ、空が開いた所にはマツの実生が育ち、かなり大きくなっているものもあった。マツの倒木は腐って分解し、これら新しい実生の養分になっているのだと瀬戸さんは説明してくれた。所々にヤマザクラかカスミザクラの木もあり、遅咲きの花が美しかった。

実は、この残存林も切り倒されるところであったという。切り倒して整地し、土盛りをし、新しい松苗を整然と植える植栽地にするというのである。残存林の所々には、すでにそういう状態のところがあり、何かまわりの風景と場違いの眺めであった。

前にもその調査を引用させてもらった植物生態学者で今は東北学院大学教授の平吹さんは、菊池さんらの歴史専門家と新浜集落、今は新浜町内会との共同で、残された残存林はこれからの海岸林の生態系復活のために、ぜひ必要だと説いた活動の結果、かろうじて残されたものであった。

「残存林が、これからの海岸林の生態系の復活のためにぜひ必要なものである」というのはどういうことなのだろうか。

地球の歴史をさかのぼると、最終氷期のあと、地球は温暖期を迎え、今から五千年ほど前、縄文時代の中頃、南極や北極の氷が融け、海が広がった。仙台平野はその頃、段丘の下まで海が広がったため、それから少しづつ寒くなり、海は退き、仙台平野が姿を現してくる。平野とはいえ、そこは湿地、流れる三本の川は砂を運び、時々洪水を引き起こし、さらに沿岸に横たわる日本海溝。二つのプレートの境界で起こる地殻変動による地震、そして津波に襲われることもしばしばあり、平野に成立した生態系がしばしば撹乱され、そしてまた回復するという場所であった。

十七世紀の初め頃、この地に城を築いた伊達政宗によって、この平野の開拓が試みられたが、この田谷地は開拓が困難で、この地を知行地とした武士や、それに従う農民によって根気強く開かれたという。特にこの地に住む半農半漁を営む住民にとって、海岸にクロマツを植え育てるということは大切なことであった。

　それは切り開いた土地を、潮風や高波や、春から夏にかけてオホーツク気団から吹き付ける冷たいヤマセ（北東風）から守り、さらに魚付林としてイワシ、カレイ、ヒラメ、シビなどの魚類を呼び寄せ、又、住民の里山として燃料となる松葉や小枝を提供し、さらに度々の例外による凶作、飢饉の際には、海岸の松林が伐採され、その代金が救済に使われた（御救山）ということもあり、海岸林は、そこに住む住民にとって助けられたり助けたりする大切な存在、「愛林」であった。

　二〇一一年三月十一日、午後二時四十六分。三陸沖を震源とするＭ九の地震が発生し、大津波が仙台湾の沿岸を襲った。この津波によってクロマツの海岸林は無残な姿となった。

　そして、その後、しばらくの間は、被災直後の瓦礫置き場や廃棄物の処理施設が置かれ、さらに二〇一二年以降は、七・二メートルの防潮堤や、海岸防災林の基盤盛り土の造成など大規模な復旧事業に巻き込まれた。海岸の自然の生態系はどうなっただろうか。

私は、大津波に襲われた、この二〇一一年秋、津波のあとの海岸林をやっと見に行くことができたのだが、あの美しかった海岸のクロマツの林は太い幹が横たわり、赤茶色の松葉に覆われていた。幹の途中から折れたマツ、根がむき出しのマツ、皆、陸側に向かって倒れ、津波の激しさを物語っていた。

しかし、それらの根本をよく見ると、高さ三十センチ足らずの小さい細いマツが緑の葉を広げているではないか。ここにも、あそこにも、小さいマツは葉を広げていた。

自然の回復力のすごさを肌で感じた一瞬だった。そして、貞山堀の陸側に残された残存林、アカマツやカスミザクラを混じえた樹齢の高いクロマツの混交林であったが、自然の生態系の強靭さを示すものであった。津波に襲われても、ガレキに埋もれても、コンクリートの巨大な防潮堤が作られても、山砂が盛られても、自然は力強く回復する。そして、私たちヒトも自然の生態系の一員なのだ。

# 第八章　おわりに

「我は海の子　白波の
騒ぐ磯辺の　松原に
煙たなびく　苫屋《とまや》こそ
吾がなつかしき　住みかなれ」

昭和一桁生まれの私が子供の頃、よく歌ったうたである。磯辺の白砂の浜には松原があった。それは「あたりまえ」で、海岸に砂浜があるのと同じように自然の風景だった。

三十歳過ぎて、秋田で中学校の教師となったが、初めて勤めた中学校は秋田港、土崎の中学校、日本海の海岸の波打ち際から続く広い松林の奥にあった。ある時、その松林の中を歩いてみて、この松林、碁盤の目にきちんと植えられた静かなクロマツの松林は人の植えた林であることを知った。

誰が何のためにクロマツの海岸林をこんなに広く作ったのだろう？

私とクロマツの海岸林との付き合いはこうして始まった。

## ◆クロマツの海岸林

秋十月から、春五月まで、半年近く吹き付ける北西風、日本海のかなたのシベリア大陸の上空に高気圧が居座り、西高東低の冬型の気圧配置が続き、強い北西風が秋田の沿岸に吹き付ける。この北西風によって海岸に厚く溜まった砂が飛砂となって沿岸の村々を襲う。飛砂によって、水田、そして家までも埋まる。水路が埋もれ、洪水となる。この飛砂の害を防ぐために、東北地方の日本海沿岸では、十八世紀の中頃から海岸林を造成することが試みられてきた。

各地で色々と試行錯誤の結果、クロマツが最適な樹種であることが明らかにされ、各地でクロマツの海岸林が造られるようになった。海岸の砂浜や砂丘にクロマツを植える。一言で簡単に言うことのできることではあるが、実際には非常に困難なことであった。日本海沿岸の各地に、その当時困難を乗り越えてクロマツを植え、海岸林を作った人々の物語が残されている。

秋田の海岸では、十八世紀の中頃から秋田藩の砂留役、栗田定之丞が苦労を重ねた上、やっと砂浜にクロマツを植え付ける方法を見出し、造林に成功した話が、今でも小学校の副読本に載せられている。

クロマツ。裸子植物、マツ科、マツ属、二葉松類のクロマツは、同じ二葉松類のアカマツが、潮風の吹く海岸の貧栄養の土地に適した樹種である。十七世紀の頃から、日本各地で試行錯誤の末、クロマツの海岸林を造成することに成功し、それから二十一世紀の現在まで四百年近く植え継がれてきた。

しかし、クロマツにも問題がないわけではない。クロマツの海岸林にクロマツの落ち葉が溜まり、地面が富栄養状態になると、風や鳥などで運ばれてくる、その条件により適した広葉樹が芽を出し、成長するようになる。そしてクロマツの海岸林は広葉樹との混交林となり、やがて広葉樹林へと移り変わる。これは自然の成り行きである。

　四百年近くクロマツの海岸林がクロマツ林であり続けられたのは、この富栄養化が止められ、貧栄養の状態が続いたからである。それは、「松葉掃き」。海岸に住む人達が燃料や暖房をするために、定期的に松葉を掃き集めたからである。

　しかし、一九七〇年代になると、家庭の燃料が電気や石油に取って代わるようになった。いわゆる燃料革命。そして松葉は不要となり、「松葉掃き」は行われなくなった。そして、クロマツの海岸林は次第に広葉樹との混交林化しつつあった。

　ところで、日本全国の海岸の砂浜、砂丘地帯には、クロマツの海岸林が成立しているのだろうか。日本海岸の秋田の海岸を北上、青森県津軽半島に達すると、そこの海岸は、何とカシワの林、カシワの海岸林が成り立っていた。

　さらに、津軽海峡を越え、北海道に渡ると、二葉松類の自然林は存在せず、石狩湾の沿岸はカシワの海岸林。足を伸ばすことが出来なかったが、さらに北上するとミズナラの海岸林になると言う。

太平洋岸はどうだろう。老齢のためあちこち海岸林を見に行くことはできなくなったが、仙台湾の北、北上山地の三陸沿岸部はアカマツの林が海岸の岩礁地帯に広がっていて、所々、気候の温暖な場所にはタブノキの林が点在していた。南方の阿武隈山地の沿岸部は、福島第一原発の事故の後、足を踏み入れることが出来なかったが、「日本の植生」によれば、「海岸地方に多いタブノキ林は青森県南部、岩手県中部にタブノキ林の北限がある」と記されており、仙台湾以南ではタブノキの海岸林が存在するであろう。

夫の転勤で移り住んだ沖縄では、モクマオウ、ユーナ、フクギ、モモタマナなどさまざまな亜熱帯の海岸林があった。

海岸林はクロマツだけではない。その地域、その地方の風土に合わせた植物の樹種で作れば良いのではないか。それには、それらの樹種についてもっとよく知らなければと、今は考えている。

## ◆大津波と海岸林

宮城県沖の太平洋の海底は、沿岸部に平行して南北に日本海溝が走っている。ここは太平洋プレートと大陸プレートの境界で、太平洋プレートが大陸のプレートの下に沈み込む。沈み込むプレートの境界面に沿って生じた巨大な逆断層により、大地震が引き起こされる場所でもある。海底での巨大な地殻変動が起こされる結果、その上の海水が一斉に動かされ、津波が発生し沿岸を襲う。

沿岸に作られた海岸林はこの津波を防ぐことができるだろうか。

昭和八年（一九三三）年春、三陸東方沖を震源とする、M八・五の地震により、三陸津波が起き、青森、岩手、宮城の各県がその被害を受けた。そのあとで、東京大学の本多静六教授らが被害調査を行ったところ、防潮林のあったところの被害が少なかったとの報告があり、海岸林の津波に対する防潮効果が高く評価された。具体的にどのような効果があったのか記録が残されていないが、その結果、災害復旧事業費の一部で、五カ年の防潮林造成事業がスタートした。そして、それが全国規模に広がり、昭和十九年（一九四四年）まで、各地の海岸林の造成が進んだ。

また、昭和三十五年（一九六〇）、太平洋の向かい側のチリで、M八・七の大地震があり、一日おいて日本にまで波及し、三陸沿岸に大被害をもたらした。この津波は地震を伴わず、また何時来るかについても正確な情報もなく、三陸沿岸の住民は不意打ちされた津波であった。この津波に対してクロマツの海岸林はどんな働きをしたのであろう。東北大学の加藤愛雄《よしお》博士は、次のように述べている。

（1）防潮林は海上の船舶や巨大な漂流物を阻止するのに役立つ。この場合、樹幹はそれほど太いものでなくともよい。また林帯の幅も数列あればよい。

（2）防潮林は津波に対して摩擦抵抗により水勢を減じて被害を減少することができる。

（3）海岸林が造成されると、そこに飛砂が堆積して、一段と高い部分ができ、これが地形的に防潮効果を示す。

実際に被害地を回ってみた県職員によれば、マツの防潮林自体は津波によって破壊されても、その後側の人家や田畑が保護されていたという地域が各地にあり、防潮林の真価が大きく認められたという。

しかし、二〇一一年三月十一日午後二時四十六分のＭ九の大地震や、その後の様子は、これまでの地震や津波の様相とは大きく異なっていた。これまでの地震による津波は主に三陸沿岸に限られていた。いわゆるリアス式海岸の三陸地方では、深くて細い入江が内陸まで入り込んでいて、津波が押し寄せると狭い湾内に水平方向に行き場を失った波が代わりに上方向に伸び、より大きくて高い津波を生み出し、被害を大きくした。仙台湾の沿岸は三陸沿岸とは異なり、白砂の海岸線が広く連なる場所である。だから、仙台湾の沿岸に住む人々は「津波は三陸のもの」「貞山堀を越えて内陸まで津波は来ない」「海岸のマツ林が津波を防いでくれる」と思っている人が多かった。

しかし、三・一一の大津波は全く違っていた。高さ八メートル近くの海水の塊が海岸林を越え、貞山堀を越え、内陸深くまで押し寄せたのである。地震から津波が押し寄せるまで一時間近く間隔があったにもかかわらず、高台に逃げることをためらっていた人、一度高台に逃げたが、又戻って地震の後始末をしていた人、車に乗って大通りで渋滞に巻き込まれた人、多くの人が津波に巻き込まれて亡くなった。そして海岸林は全滅した。

津波の被害は、このように地震の状態や津波の規模によって全く異なる。

「津波てんでんこ」。三陸ではこんな言葉があるという。「地震が起きたら、まず自分が逃げることを考えよ。親、兄弟のことより、自分自身が逃げることを考えよ！」という意味とのこと。厳しい言葉ではあるが、プレート境界のそばに住む我々は常に意識しておかなければならないことと考えている。

## ◆マツノザイセンチュウの感染症と海岸林

通称マツクイ虫、マツノザイセンチュウの感染症は、前の章で詳しく説明したが、百年ほど前、九州、長崎で始まり、この百年間の間に日本中のアカマツ、クロマツを枯らし、さらに「寒い地方には広がらないだろう」との予測に反して、東北地方日本海沿岸のクロマツの海岸林を枯らし、今もって終焉していない。
一九七〇年、この感染症がマツノザイセンチュウとマツノマダラカミキリによって広がり、元々は北米大陸の東部よりもたらされたセンチュウによる感染症であることが明らかにされた。北米では、このザイセンチュウによる二葉松類の被害は、マツが枯れるといった激しいものではなく、両者は穏やかに共存しているのだが、そのザイセンチュウが梱包に使われたマツ材の中にひそんでいて日本にもたらされたことも明らかになった。一ミリ足らずのザイセンチュウが九州からどうやって日本全国に広がったのか……それはセンチュウを運ぶマツノマダラカミキリとの見事な共生関係が成立したことによるのだが、このカミキリムシも化学殺虫剤によって防除することが出来なかった。

　百年にわたるこの防除努力の結果、マツクイ虫によって枯れたマツを早期に発見し、切り倒し、マダラカミキリがそこから逃げださないように始末することによって感染症の広がることが抑えられるという事が明らかになり、現在は、ある程度、感染症の広がりが抑えられてはいるが、そのためにかなりの人と費用が必要とされている。

秋田の夕日の松原、かなり広い面積の砂地にクロマツが植えられた。クロマツ林が作られれば、その中に工業用地とか公共施設とかを作ろうという意図があったのだろうが、四十年ほど過ぎて、マツノザイセンチュウの感染症が広がり、現在は広葉樹、カシワの混交林に戻すことが考えられているという。

原産地の北米大陸東海岸ではマツとザイセンチュウがおだやかに共存しているのに、アジア大陸、朝鮮半島、そして日本にまで分布を広げたマツがザイセンチュウによって激しく被害を受ける。この現象はマツに限られたものではなく、例えば、ヨーロッパから北アメリカに移入されたクリとその胴枯れ病、ニレの立ち枯れ病などにもみられ、植物の樹種の進化の途上で起こる生物間の共生の問題であり、これからも別の樹種で起こることがある問題とのことで、いま、マツノザイセンチュウの感染症が仮にある程度防除できたとしても、また何時か、他の樹種で同様のことがあるかもしれない。そのことも頭に入れて、今、通称マツクイ虫による松林を守るためには、

（1）マツクイ虫によるマツ枯れが素早く発見できるような、そして必要十分な幅のマツ林にしておくこと。

（2）マツ林の一部を、運び屋マツノマダラカミキリの天敵、小鳥たちが住み、営巣できるような広葉樹との混交林にしておくこと。

特に（2）については経験的に知られていても、きっちりとした科学的調査による裏づけが行われていない。ぜひ取り組んでほしい問題である。

## ◆誰が海岸林を作ったのか

クロマツの海岸林は自然林でなく、人が作った林であった。私の海岸林への興味は「何時、誰が、何のために」作ったのかが知りたくて取り組みが始まった。「何時、何のために」という問題は、これまでいろいろ取り上げてきたが、最後に「誰が」作ったのかをとりあげて締めくくりとしたい。

海岸林の問題は、主に技術的な問題として取り上げられることが多い。しかし

「誰が」ということは歴史的な問題で、理系の教育を受けて来た私にとっては重い課題であった。しかし、各地の様々な海岸林を見て歩き、その成り行きを調べるにつれて、「誰が」を抜きにしては十分な理解ができないのではないかと思い始めた。幸い、海岸林に関心のある日本の近世史の研究家の東北学院大学菊池慶子教授の講演や、出版物に出合い、私なりに考えを「誰が」についてここに述べてみたい。不十分な点はいろいろとご批判いただきたい。

秋田の海岸林については十八世紀の中頃から造成が取り組まれた。当時、秋田を支配していた佐竹藩は財政的な問題を抱え、新田を開発し石高を増すことが求められていた。

佐竹藩は栗田定之丞を林取立役に任命し、合わせて砂留役兼帯を命じた。この砂防事業は藩は助力せず、各村の自主事業という形、つまり藩は金を出さないが、藩の命令だというわけである。定之丞はどうやってこの困難な問題を切り抜けたかは、前の項を読んでもらいたい。定之丞に従って実際に海岸にクロマツを植えたのは、そこに暮らす集落の住民たちで、ほとんどがタダ働きであったに違いない。集落の、肝入から「本年は集落内にいろいろ事情があり、クロマツの植え付けは来年にしていただきたい」という嘆願書もあるとのことである。海岸林が作られれば自分たちの暮らしが楽になると言われても、今、今の毎日の暮らしが貧しく、ただ働きを強いられる集落の住民にとっては簡単に受け入れることのできないことであったに違いない。

また、米代川の河口の能代には藩の森林関係の重役、加藤景林がいて、今もその記念の小さい博物館があるが、そこで「松林百年」という景林の言葉を知った。それは「親が苦労を重ねて海岸にクロマツの海岸林を作り、子はそれを見知っていたので大切に扱うが、孫の代になると、すっかり忘れて、海岸林の中で牛や馬を飼うものが現れる」という意味の言葉とのこと。

要するに、権力者によって作られた海岸林は下々の住民には十分に理解されないということなのではなかろうか。

秋田の海岸林は明治維新で藩がなくなると、手入れがされなかったり、切られて売られたり荒廃したという。

一方、六十歳過ぎから足を踏み入れることができた仙台湾の海岸林は様子が少し違っていた。菊池慶子さんの見解に従って、私なりに理解したところによれば、次のとおりである。

十七世紀の初頭、仙台に領地を移し、城を築いた伊達藩、しかし目の前に広がる仙台平野は、今で言えば沖積平野、標高五メートルに満たない低湿地、通称田谷地であった。多数の家臣を従えて仙台に移住して来た伊達藩はこれを「地方知行制」という方法で切り抜けたという。知行地とは、藩臣である武士が、藩から与えられた土地のことを指し、「地方」とは知行地の中に藩士が在郷屋敷という屋敷を持って住むことができるという制度である。藩から与えられる録が少なくても、屋敷内の田畑を耕せば、収穫があり暮らしていけるという訳である。さらに田谷地の仙台平野では知行地の中に田谷地が含まれていて、田谷地を開拓して田畑にすれば、知行地の禄高となるように配分されたとのことである。従って、仙台平野の田谷地を開拓したのは武士とそれに従った、その地に住み半農半漁を営む住民であった。切り開いた土地を潮風や六・七月に吹く冷たい「ヤマセ」から守るために、海岸林を作ることも大事なことであった。こうして田谷地の生産高は十七世紀中頃から十八世紀中頃にかけて倍になったという。仙台平野の沿岸部分の海岸林は割合に小さい部分に仕切られたのは、それぞれのあまり大きくない知行地ごとに海岸林が作られたためで、その海側には藩で作った海岸林も連続していて広いクロマツ林となっている。

　仙台藩は明治維新まで続き、地方知行制もそのまま続けられた。明治維新で藩がなくなっても、海岸林は特に荒れるということがなく、その地に住む人々の手で維持された。

　昭和の初め、一九三三年の三陸大津波のあと、海岸林の防潮効果が高く評価され、防潮林造成事業がスタートした時、仙台湾の各集落ではいち早く「海岸林保護組合」が結成され、更にその連合会まで作られたのは、藩政時代にこのような人々の取り組みがあったからである。保護組合の規約の中には「海岸林のクロマツ林が売られた時には、その費用は村と組合が折半する」という項目があり、マツ林は「集落の財産」と考えられていたようだ。

このような歴史的な背景を持つ仙台湾の集落に住む人々は、秋田の海岸に住む人と比べてみると、自治意識が強い。自分達の住んでいる地域の将来は自分達で考え計画して実施したいと思っているようだ。

三・一一の大津波の後、仙台湾の各自治体の海岸林修復の取り組みを見ていると、各市町村、それぞれ独自の取り組みで、その良し悪しはあるが、「自分達の住んでいる地域のことは自分達で決める。」という方針は今も変わりがないようだ。

日本列島はその成り立ちと現在の地政学的な位置とから見て変化に富む、地形と気候の集合体で、そこに住む人々の集団も様々な暮らしと考え方を持っている。人の手で作られたクロマツの海岸林も、その地域に住む人々の考えをもとに色々な海岸林が作られたのは、当然のことと言えよう。

だから、三・一一の大津波の後、波打ち際の国有地に七・二メートルの大防潮堤が作られたことに、人々は戸惑った。「住んでいる人に何の相談もなかった。」「人の住んでいないところまで作られた。」「海が見えなくなり心配だ。」などと。

「結局はそこに住む人々を潮害や津波から守る堤防なのだ。」「国が金を出して今やらなければ出来ない堤防だ」と言われても、やっぱり今のやり方には納得できないものがある。

「だれが」を、問題にしたのには、この背景があったからである。

## ◆北釜の海岸林は今

この本を書き終わるに当たって、もう一度北釜の海岸林を見たいと思った。九十歳の誕生日を過ぎるあたりから長く歩くことが難しくなった私は、自宅からタクシーで行ってみることにした。

松林の入り口でタクシーを止め、少し待っていてもらって先に進む。あのオニギリを食べた砂丘と、その周りのクロマツの林は健在、緑深かった。さらに進むと半分枯れかけた松苗が植えてあったり、背丈ほどにも揃ってよく伸びたクロマツの植栽地―「名取松林を守る会」の立て札が立ててあった。その先は、山砂が

北釜の海岸林と防潮堤

運ばれてクロマツが植えられた松林。山砂に含まれている種から育った雑草がクロマツの小さい苗の育ちを阻害するのではないかと心配されたが、結構よく育ち、もう七―八年生の立派なクロマツ林となっていた。

その先に広がる高さ七・二メートルの防潮堤。上まで登ると太平洋が見渡された。

北を向いても、南を向いても、一面の白、銀色、灰色の単調な世界、その向こうに青い太平洋。海辺も荒れて、人の気配がなかった。こんなに立派で頑丈な防潮堤があれば、クロマツの海岸林なんていらないのではないか？　いったいクロマツの海岸林は必要なのか？

私は子供の頃歌った「吾は海の子」を口ずさん

でいた。九十歳の今でも歌詞は全部覚えている。私にとって海とは、海岸とはこのようなものだった。クロマツの海岸林のない海辺など……それは日本の海辺ではない。

でも、今の若い人はどうだろう。山砂が盛られる前の海岸の砂地に、津波の後、倒れたクロマツを整理し、マツの苗を植える催しが、仙台湾の各地で行われた。多くの若い人が手弁当で子供づれで、これに参加していた。全くのボランティア、嬉々として松を植える姿をテレビで眺めながら、「あゝ、私と同じ思いの人達だ！」と何度思ったことだろう。

日本の美しい海岸、海辺を子供達に是非残してやりたい。そのためにも、クロマツの海岸林は必要で大事な物で、大切にしなければならない。

クロマツよ　がんばれ！

## 参考文献（五十音順）


秋田県水産部森林整備課・森林技術センター（二〇一三）『秋田の海岸砂防林』

遠藤源一郎・平吹喜彦・菊池慶子編著（二〇二三）『ふるさと新浜マップ二〇二三』

大和田雅人（二〇一九）『貞山堀に風そよぐ―仙台・荒浜、蒲生、新浜、井土、再訪』

大住克博・杉田久志・池田重人編（二〇〇五）『森の生態史―北上山地の景観とその成り立ち』古今書院

小川真（二〇〇七）『炭と菌根でよみがえる松』築地書館

小川真・伊藤武・栗栖敏浩（二〇一二）『海岸林再生マニュアル―炭と菌根を使ったマツの育苗・植林・管理』築地書館

小田隆則（二〇〇三）『海岸林をつくった人々―白砂青松の誕生』北斗出版

岡浩平・平吹喜彦（二〇二〇）『津波が来た海辺―よみがえる里浜の自然と暮らし』株式会社スペース

金子智紀・田村浩喜（二〇〇七）『広葉樹を活用した海岸防災林造成技術の開発』秋田県森林水産技術センター研究報告一七：三七～六〇

菊池慶子（二〇一六）『よみがえる故郷の歴史一〇、仙台藩の海岸林と村の暮らし、クロマツを植えて災害に備える』蕃山房

小山晴子（二〇〇四）『マツが枯れる』秋田文化出版

小山晴子（二〇〇八）『マツ枯れを越えて―カシワとマツをめぐる旅』秋田文化出版

小山晴子（二〇一二）『よみがえれ海岸林―三・一一大津波と仙台湾の松林』秋田文化出版
小山晴子・河野裕・小畑知恵（二〇一六）『よみがえれ千代の松原―みやぎの海岸林物語』宮城県緑化推進委員会
小山晴子（二〇一八）『津波から七年目―海岸林は今』秋田文化出版
佐々木光雄・吉岡一男編（二〇〇四）『宮城県の不思議事典』新人物往来社
佐藤晋一（二〇一三）『海岸林の自然―その多様性と保全』秋田文化出版
佐藤昭典（二〇一五）『慶長大津波と運河、仙台湾岸貞山堀のうち、木引堀物語―その謎多き運河史』南北社
志野さゆり・佐々木周一・小山邦夫・森　昇二編（二〇一五）『みやぎの海岸林再生入門』宮城県緑化推進委員会
庄内海岸のクロマツをたたえる会（二〇一三）『庄内砂丘の海岸林―大いなる遺産を未来につなぐ』庄内海岸のクロマツをたたえる会編・発行
遠田晋次（二〇一三）『連鎖する大地震』岩波書店
中島勇喜・岡田穣編著（二〇一一）『海岸林との共生―海岸林に親しみ、海岸林に学び、海岸林を守ろう！』山形大学出版会
沼田真・岩瀬徹（二〇〇二）『図説日本の植生』講談社
平吹義彦・長島康雄（二〇〇二）『動物体内散布性森林植物種の砂丘上老令マツ植林地への侵入（英文）』斎藤報恩会自然史博物館紀要六八：二五〜三九

二井一禎（二〇〇三）『マツ枯れは森の感染症—森林生物相互関係論ノート』文一総合出版
宮脇昭（一九七〇）『植物と人間—生物社会のバランス』日本放送出版協会
宮城県治山林道協会（一九九五）『海岸林を語る』
村井宏・石川政幸・遠藤治郎・只木良也編（一九九二）『日本の海岸林—多面的な環境機能とその活用』ソフトサイエンス社
屋比久壮実（二〇〇八）『沖縄の自然を楽しむ—海岸植物の本』
山崎晴雄・久保純子（二〇一七）『日本列島一〇〇万年史』講談社

# あとがき

私は一九三三年に生まれた。そして、一九六〇年の中頃から、クロマツの海岸林に興味を持ち、その時々に出会った海岸林の出来事を四冊の小さい本にまとめて来た。

何時か、この全体をまとめた物を書きたいと思いつつ、月日が流れ、重い腰を上げてとりかかったのが、二〇二四年の三月、前年の秋、九十歳の誕生日を迎えた頃であった。

三月から七月の初めまで四ヶ月とちょっと、毎日の朝食の準備や後始末は夫に任せ、午前中の二時間ほど机に座る。こうして出来たのがこの本である。終わりの頃には、体はくたくた、足はよろめき、それでも何とか最後まで書き終えることが出来たことに今は感謝している。

また、六十年間にわたるクロマツの海岸林の記録をまとめてみようと思い立った最大の動機は日本海に面した秋田の海岸林と太平洋に面した仙台湾の海岸林の違いである。秋田の海岸林は、いわゆる官主導型─「お上」が作った海岸林である。それに対して、仙台湾の海岸林は古い海岸林では百五十年前に植えられたクロマツ林から、汀線に向かって次第に若いクロマツ林へと植え継がれてきた海岸林で、その違いは非常に対照的であった。どうして違うのか……二〇一一年三月十一日、仙台湾でのM九の大地震につづく大津波の被害を受けて、仙台湾の海岸林は壊滅状態となったのだが、その復興の過程で、この違いが、これらの土地の経営の歴史的な違いに依存している事が次第に明らかになった。そして、このところを書いてみたいと思ったのだが、十分に書き切れたか、色々ご批判をいただきたいと思っている。

私は若い頃、大学で植物学を学び、その後三年間の研究生活を経て、自然科学的な物の見方は一応身につけて来たが、その後は十六年間の中学校の理科教員生活、そして夫の転勤生活の主婦暮らし、言うなれば海岸林に対しては全くのアマチュアである。従ってこれらの記録は次のような色々な方々からの助力なしには書くことができなかった。

秋田では佐藤晋一、金子智紀、田村浩喜の各氏、宮城では大橋信彦、河野裕、平吹喜彦、竹内貞子、瀬戸勲、宮城県緑化推進委員会の各氏に深く感謝したい。

また、この本を作ってくれた秋田文化出版に心からお礼を申し上げたい。

そして、最後に、六十年以上も共に暮らし、歩き、考え、そして討論しあった夫、重郎に本当にありがとう。

小山晴子

二〇二四年九月　仙台市にて

## 著者略歴

小山晴子（こやま・せいこ）

一九三三年　仙台市で生まれる
一九五六年　東北大学理学部生物学科卒業
一九六一年　秋田市中学校理科教師
一九七八年　主婦

現住所　仙台市泉区みずほ台一一―一―八〇三


## 著　書

『マツが枯れる』　秋田文化出版　二〇〇四
『マツ枯れを越えて―カシワとマツをめぐる旅』　秋田文化出版　二〇〇八
『よみがえれ海岸林―3・11大津波と仙台湾の松林』　秋田文化出版　二〇一二
『津波から七年目―海岸林は今』　秋田文化出版　二〇一八
『中学生と動物たち』　秋田文化出版　二〇二〇
『野の花はともだち』　秋田文化出版　二〇二三

# クロマツの海岸林のものがたり

二〇二四年一一月二六日　初版発行

著　者　小山晴子

発行者　小山重郎

編集・制作　秋田文化出版株式会社
〒〇一〇—〇九四二
秋田市川尻大川町二—八
TEL（〇一八）八六四—三三二二（代）
FAX（〇一八）八六四—三三二三

＊



ISBN978-4-87022-622-7
地方・小出版流通センター扱